Dunkle Energie und Kosmos

# Dunkle Energie und Kosmos

## Von der alternativen Erklärung der Expansion der Gestirne zu einem neuen Modell des Kosmos

Oskar Beer

**Bibliografische Information der Deutschen Nationalbibliothek**
Die Deutsche Nationalbibliothek verzeichnet diese Publikation in der Deutschen Nationalbibliografie; detaillierte bibliographische Daten sind im Internet über http://dnb.d-nb.de abrufbar.
1. Aufl. - Göttingen: Cuvillier, 2019


Nonnenstieg 8, 37075 Göttingen
Telefon: 0551-54724-0
Telefax: 0551-54724-21
www.cuvillier.de


1. Auflage, 2019
Gedruckt auf umweltfreundlichem, säurefreiem Papier aus nachhaltiger Forstwirtschaft.

ISBN 978-3-7369-9954-1
eISBN 978-3-7369-8954-2

## Ziel dieser Ausarbeitung

Wenn die im Kosmos enthaltene Materie oder die aus ihr gebildeten Gestirne sich entgegen der Gravitation voneinander entfernen oder entfernt haben, gibt es zwei alternative Möglichkeiten, diesen Sachverhalt zu erklären: erstens die außerhalb der gesicherten Physik liegende Hypothese der Ausdehnung des Raumes („kosmische Expansion“) oder zweitens die im Rahmen der gesicherten Physik eigentlich zwingende Schlussfolgerung, dass die zunehmende Entfernung der Materie durch eine Kraft bewirkt wird oder bewirkt wurde.

Die Annahme im ersteren Fall ist ein integraler Bestandteil des sogenannten Standardmodells des Kosmos. Aus der Annahme im zweiten Fall folgt das in dieser Ausarbeitung beschriebene neue Modell des Kosmos.

Ziel dieser Ausarbeitung ist die Bestimmung der Eigenschaften des Kosmos, die sich aus dem zweiten Ansatz ergeben, als Basis für einen Vergleich mit den Beobachtungen im Kosmos.

# Dunkle Energie und Kosmos

Von der alternativen Erklärung der Expansion der Gestirne zu einem neuem Modell des Kosmos

## Inhaltsverzeichnis

# Vorwort

Das ehrfurchtsvolle Staunen beim Betrachten des nächtlichen Sternenhimmels lässt kaum einen Menschen unberührt. Was bedeuten diese unendlich vielen Lichtpunkte? Woher kommen diese? Haben sie möglicherweise mit uns zu tun? Schon immer haben die Menschen nach Antworten auf diese Fragen gesucht und versucht aus dem Lauf und der Anordnung der Sterne Informationen zu erhalten. Die Erforschung dieser Fragen setzte voraus, den Kosmos als Teil der beobachtbaren Natur zu erkennen. Es begann damit, die Änderungen der Positionen der Himmelskörper mit den Gesetzen der Mechanik zu erklären und später aus der Analyse der von Himmelskörpern empfangenen elektromagnetischen Strahlung Informationen zu erlangen. Mit immer genaueren und ausgefeilteren Beobachtungen wurden mehr und mehr Antworten gefunden, aber hinter jeder Antwort tauchten neue Fragen auf.

Das heutige Standardmodell des Kosmos ist das am meisten ausgereifte theoretische Modell um grundlegende Beobachtungen des Kosmos zu erklären. Die weltweit durchgeführten sehr vielen, sehr detaillierten, sehr aufwendigen theoretischen und experimentellen Forschungen haben eine Fülle von Informationen gebracht, die zum großen Teil im Rahmen dieses Standardmodells, wenn auch mit zusätzlichen Annahmen, erklärt werden können, so dass es von den allermeisten Kosmologen gegenüber anderen Modellen bevorzugt wird.

Das Standardmodell der Kosmologie nimmt Bezug auf die Allgemeine Relativitätstheorie und beinhaltet eine Ausdehnung des Raumes, die durch die kosmische Konstante mathematisch beschrieben werden kann. Die zugrunde liegenden mathematischen Anforderungen bilden einen sehr hohen Schutzwall, der den allermeisten Menschen den eigenen Zugang zu diesem Modell verbaut.

Ein Physiker verspürt dennoch erhebliche Zweifel bei den diesem Modell zugrunde liegenden Hypothesen und den daraus resultierenden Konsequenzen, insbesondere der Verletzung des Satzes von der Erhaltung der Energie beim Urknall, der Entstehung des Kosmos aus dem „Nichts“, der Ausdehnung des leeren Raumes, der Inflation des Kosmos (also der gigantischen Ausdehnung des Kosmos in den ersten Sekunden nach dem Urknall), der Erklärung der Singularität der Allgemeinen Relativitätstheorie beim Punkt 0 (vergleichbar mit einer Berechnung von 0/0).

Es ist für Physiker nicht ungewöhnlich, dass durch die Einführung neuer Parameter und neuer Hypothesen mathematische Beschreibungen für jegliche Beobachtungen oder Vorstellungen möglich sind. Als extremes Beispiel mag die Stringhypothese gelten, die auf mehreren zusätzlichen hypothetischen Dimensionen aufbaut und unendlich viele Universen mathematisch produzieren kann.

In dieser Arbeit wird dagegen der Versuch gemacht ein Modell des Kosmos zu entwickeln allein auf Basis der physikalischen Prinzipien und Theorien, wie sie heute auf der Erde verifiziert sind. Da die Erde kein besonderer Ort im Kosmos ist, sollen diese pkysikalischen Gesetzmäßigkeiten im gesamten Kosmos gelten, überall und zu allen Zeiten. Dies ist eine offensichtlich plausible, aber auch einengende Annahme, die nur sinnvoll ist, wenn die daraus gewonnenen Ergebnisse mit der Wirklichkeit übereinstimmen. Im Rahmen dieser strikten Vorgabe wurde ein zum Standardmodell alternativess Modell des Kosmos abgeleitet, das eine schlüssige Beschreibung des von der Erde aus beobachtbaren Universums liefert, und das in wesentlichen Punkten dem Standardmodell der Kosmologie zumindest ebenbürtig zu sein scheint, ohne dessen oben genannten Hypothesen zu übernehmen.

Bonn, den 25. 1. 2019

Oskar Beer

# 1. Summary

## Dark Energy and Cosmos

*How an alternative approach to the expansion of the cosmos results in a new model of the cosmos*

The expansion of the Cosmos is generally accepted as a proven fact in modern cosmology. This expansion, which actually is an increase of distance between celestial bodies, cannot be explained by the forces known on earth, it even overrules the gravitational force, which results in a gigantic centripetal force F after the Big Bang of

$$F = - 3/5\ M^2\ G\ 1/R^2 \text{ Newton}$$

when taking the total mass M of the cosmos as about $10^{53}$ kg, with G as gravitation constant and R the radius within which the mass M is contained.

As necessary conclusion, there must exist an energy, so far unknown on earth, overruling the gravitational force. In the cosmology this energy is called Dark Energy. Therfore this notation is also used in this work

If the distance between far away celestial bodies is increasing or has been increased against the gravitation there are only two possible alternative explanations: firstly the space increases or has increased, or secondly there exists a force acting on these celestial bodies, accelerating them and causing the increase of distance between them. The first case is an integral part of the present Standard Model of the Cosmos. The second case results in a new model of the cosmos as elaborated in this work. The aim of this work is to stringently deduct the proporties of the cosmos based on the second approach in order to serve as basis for comparison with cosmological observations.

The physical principle "actio et reactio" can be interpreted such that if a force is acting on particles with mass then it originates also from particles with mass ("exchange force carrier") This principle of physics, valid on earth for any force, shall also apply to the Dark Energy of the cosmos. As conclusion, a so far unknown matter shall be attributed to the Dark Energy, arbitrarily labelled with m(-). The "Dark Energy" is then the exchange force between m(-) and normal matter. Due to its properties the force connected to the matter of the Dark Energy must be cumulative and long range.

In addition to the Dark Energy the cosmos contains the so called Dark Matter, which according to above principle also originates from particles with mass. It can be shown (chapter 3.2), that the charge of the particles of the Dark Matter with which they interact with normal matter with a force proportional to $1/r^2$ can be normalized so that the interaction with normal matter is described by the law of gravitation. The charge of the Dark Matter after normalisation can then be called mass and has the same gravitational properties as the normal matter, attractive with the gravitation constant G to itself and to normal matter. Due to same gravitational behavior we label both, Dark Matter and normal matter as m(+).

Once the existence of the m(-)-matter with its unknown forces is accepted as a compulsory consequence of this perception of the Dark Energy, it can be stated that the gravitation and the Dark Energy, i.e. the interactions m(+) with m(+) , m(+) with m(-) and m(-) with m(-) , are the only long range forces in the cosmos. The fact, that the m(+)-matter is continuously expanding in the cosmos allows following basic conclusions about the properties of the m(-)-matter: m(-)-matter must be attractive to itself and repulsive to m(+)-matter (chapter 3.3).

In present cosmology there is very strong evidence for the existance of the Big Bang about $13{,}8 \cdot 10^9$ years ago. As the earth is not a special place in the cosmos, all principles and proven theories of physics in particular the principle of energy conservation shall also be valid in the cosmos. Based on this principle the idea that about $10^{53}$ kg mass have been created out of nothing is discarded in this work. Consequently the mass of the cosmos must have been always constant. However, what could have been the status of the cosmos before the Big Bang? The only - albeit reasonable - hypothesis of this work is the assumption that the cosmos, containing all m(+) and m(-) matter, was in an equilibrium status before the Big Bang (chapter 3.4).

To find a solution to this assumption, a (for reason of simplicity) sphere shaped volume containing above defined m(+) and m(-) matter was tentatively considered to represent a model of the cosmos before the Big Bang. Such volume might also be obtained when going back in time from the present age $T_0$ of the cosmos to the time 0, when the Big Bang started. The only long range forces in this volume shall be the gravitation and the force orignationg from the Dark Energy. It is demonstrated (chapter 3.5) that the necessary and sufficient conditions of an equilibrium status are, in addition to the gravitation between normal and dark matter, the compliance with the following properties

- the total mass of the m(+) and m(-) matter in above volume must be equal , and homogenously distributeted
- m(-) is attractive with the gravitational constant G to itself and
- m(-) is repulsive with the gravitational constant -G to m(+) and vice versa

It can be demonstrated (chapter 4) that the mass of the m(-) matter must also be positive and follow the Einstein relation

$$m(-)\, c^2 = E$$

and that transfer of energy from m(+) to m(-) matter by electromagnetic waves, weak or strong nuclear interaction can not take place.

The above concluded equilibrium status was taken as the model of the cosmos before the Big Bang, for convenience called „Urraum" in this work. The resulting consequences for the cosmos are dealt with in chapter 5 and 6 and seem to comply with the main cosmological observations

The radius b of the Urraum was presumeably very small and is estimated to be below (chapter 5.1) 0,001 lightyears. The further conclusions of this work are valid with high accuracy as long as this radius b does not exceed 10 lightyears. The smaller b the higher the accuracy.

Based on the concept of such Urraum the Big Bang could have happened without violation of the energy conservation principle. Once the m(-)-matter started (by whatever reason) to accumulate in the middle of the Urraum, an ever increasing separation of m(-) from m(+) matter went on by positive feedback. The more m(-) matter accumulated in the center, the more and the stronger m(-) matter was attracted and the more and the stronger m(+) matter was repelled, setting off a chain reaction. This chain reaction led to the complete separation of the previously homogenous distribution of m(+) and m(-) matter and is the definition of the "Big Bang" in the model of this work.

This Big Bang resulted in an M(-) nucleus of about $10^{53}$ kg m(-) matter and from it radially expanding m(+) matter with velocities close to light speed. The M(-) nucleus can be considered as center of the cosmos, by convenience called Urpunkt in this work. The Urpunkt can also be considered as the point where the Big Bang originated. The earth is an arbitrarily located point E in the expanding m(+)matter.

The structure of this expanding m(+)-matter can be analysed using two different inertial systems: the system of the Urpunkt and the system of the point E (Earth), which will lead to different views, but nevertheless to a more comprehensive understanding. Therefore the resulting model of the cosmos could be called "Dual Cosmos".

First, the system of the Urpunkt shall be analyzed. The mass of the M(-)-nucleus is equal to the total mass of the expanding m(+)-matter. As the interacting forces betwenn m(-) and m(+)-matter are gravitational it is possible to calculate the geometry of the cosmos, which exists of the M(-)- nucleus with a mass of $n \cdot 10^{53}$ kg and the m(+)-matter around it radially expanding with an average velocity $\bar{u}'$ extremely close to light speed

$$\bar{u}' = c - \bar{\varepsilon}' \qquad \text{(m/s)}$$

$$\bar{\varepsilon}' = c - 0{,}68 \cdot b^2/n^2 \cdot 10^{-11} \qquad \text{(m/s)}$$

with b as the radius of the Urraum in lightyears and n the correction factor for the total mass of the cosmos. $\bar{\varepsilon}'$ is the mean deviation from velocity of light of all m(+)-matter in the inertial system of the Urpunkt. It is shown (chapter 5.3)., that after a transition time T' (in the order of about 1 to $10^4$ years after the Big Bang, depending on the radius b of the Urraum) the mean deviation from light speed (the deviation from light speed is called „avol" in this work) $\bar{\varepsilon}'$ has reached with high accuracy a constant value. Further expansion has negligible influence on the mean avol $\bar{\varepsilon}'$. The smaller the radius b of the Urraum the better the accuracy. This is one of the key findings on which basis the new model of the cosmos is established.

The actual avol values $\varepsilon'$ of the m(+) matter will deviate from the constant mean value $\bar{\varepsilon}'$ and can themselves be considered as constant . They can be descibed by an arbitrarily defined parameter L representing the variation around the respective mean value,

$$\varepsilon' = \bar{\varepsilon}' \cdot 10^{L} \qquad \text{with} \qquad -L_1 < L < L_2$$
$$u' = c - \bar{\varepsilon}' \cdot 10^{L}$$
$$R' = T_0 \cdot (c - \bar{\varepsilon}' \cdot 10^{L}) \qquad \text{and} \qquad T' \ll T_0$$

The parameter L may vary within a small range e.g. from about -2 to about +3. The radial distance R' of a particle is proportional to its constant velocity u', with the time $T_0$ passed since the Big Bang as its proportionality factor. The velocity $u'_{12}$ between any two points 1 and 2 can be computed by vector addition of its radial velocities $u'_1$ and $u'_2$. As $u'_1$ and $u'_2$ are constant, $u'_{12}$ is also constant.

Based on above the radial position and velocity of the m(+) matter in the cosmos in the system of the Urpunkt can in principle be described The m(+)matter is contained in a thin spherical shell with the mean radius $\bar{R}' = T_0 \cdot (c - \bar{\varepsilon}')$. Its actual radial thickness and shape is determined by the distribution function $f(\varepsilon')$ of the avol $\varepsilon'$. Any mass point in this shell can be described by its distance R' to the Urpunkt, its velocity u' and its avol $\varepsilon'$.

The deceisive question is, how an observer on the arbitrarily chosen point E (Earth) in above defined m(+)-shell radially speeding with the velocity v', will evaluate the distances and velocittes of the other points to him. Due to the high velocities involved (chapter 6.1), these data must be computed by relativistic addition of velocities, namely u' of any point S and v' of his own, the latter being at the same time the velocity between the two systems. An important feature is the fact, that the radial expansion velocity v' of the point E is itself constant after transition time T'. Therefore the relativistic addition of velocities can be based on the Lorentz-transformation with a constant velocity v between the two systems, avoiding the complexity of the general theory of relativity. Here the use of the notation „avol" shows its benefit as the formula of the relativistic addition of velocities close to light speed gets very simple (equations 2 in chapter 6.1)

As the Lorentz transformation is linear, any linear relation between r', u' and t' in the system of the Urpunkt transforms also into a linear relation in the system of the earth. Therefore if the velocity between two points does not depend on time in one system its the same in the other system. This means, that the velocitiy u of a star in the system of the earth is also constant in time from the transition time T' onward up to today. If the velocity u from a point S („star") can be determined then today's distance D can be calculated by the relation

$$D = u \cdot (T_0 - T') \approx u \cdot T_0$$

with $T_0$ being the time of $13{,}8 \cdot 10^9$ years after the Big Bang and the transition time T' very small compared to $T_0$. Furtheron, if a point $S_1$ is closer to point E than a point $S_2$, in one system its also in the other system.

Transforming the velocities u' of mass points from the Urpunkt system to his own the observer on the earth will identify mass points expanding from him in all directions with velocities u ranging from zero up to nearly light speed. He will find out that all other points are expanding from him, the farer in distance the higher the observed expansion velocity u. He might think, that he is in the center of the cosmos, same as an observer at any other point in the m(+)-shell would observe (chapter 6.1). In the inertial system of the earth a complete different picture of the cosmos is created, as compared to the Urpunkt system.

As further consequence the observer on the earth will find out that the matter is not distributed isotropically around him but rather flat similar to a squeezed ball, with a rotational symmetry around an axis, given by the direction Earth-Urpunkt. (chapter 6.3). The shape of this distribution depends on the distribution function f(ε').

Based on above, the red shift z of light observed on earth from distant stars can „again" be reasonably explained by the Doppler shift (chapter 6.5). The red shift of the Doppler effect is given by

$$z = \sqrt{\frac{(1+u/c)}{(1-u/c)}} - 1$$

The relationship between D and z is then given by the specific distance function B(u)

$$B(u) = D/z = \frac{u \cdot T_0}{\sqrt{(c+u)/(c-u)} - 1} \qquad \text{(Lj)}$$

which is rather constant for smaller velocities u of up to about 40000 km/s, where it can be approximated by B(0)

$$\lim_{u \to 0} B(u) = B(0) = T_0 \cdot c$$

On the basis of the Dual Cosmos model together with the help of the Doppler red shift z the distance of stars can be calculated, if the time passed since the Big Bang is known. Alternatively if by other cosmic observations the distance of a star is known, the age of the cosmos can be determined. This situation applies as long as the impact on velocities by later acting exchange forces and/or gravitational forces are negligible.

Above formula B(u) is derived from the present model of the Dual Cosmos. The limit value B(0) is mathematically identical with the Hubble constant

$$H_0 = c/B(0)$$

This astonishing match, at least for distances of about $2 \cdot 10^9$ lightyears, shows that the model of the Dual Cosmos generates the same result as the Standard Model and within above limit supplies a description of the cosmos as good as the Standard Model. However, the underlying conditions of the two models are quite different.

The model of the Dual Cosmos is based on a model of the Dark Energy, which results in very high constant radial velocities of the matter already short time after the Big Bang. After transformation into the inertial system of the earth the proportional relationship between distance and velocity is still valid. Together with the red shift z as calculated by the Doppler effect a relation is obtained which is equivalent to the Hubble constant.

In contrast the present Standard Model of the cosmos is based on a hypothetical expansion of space represented by the Hubble constant, which is also thought to expand the wavelenth of light from distant stars.

In the Dual Cosmos model there exists a proportional relationship between distance and velocity, whereas the red shift z increases overproportionally with distance and velocity. In the Standard model the expansion rate increases overproportional with distance, as long as the distance is taken as proportional to the red shift z. The data obtained by analysis of light from the cepheids could be helpful to decide between the two approaches. The distances D as calculated by the Doppler red shift z of light from the cepheids with the help of above specific distance functiont B(u) shall be the same as the well known distances of cepheids by other cosmological data.

Generally following energy ratios are quoted between normal matter, Dark Matter and Dark Energy normalized to 100%

| normal mater | Dark Matter | Dark Energy |
|---|---|---|
| 4,9 % | 26,8 % | 68,3% |

In the model of the Dual Cosmos it is easy to calculate the respective potentials or potential energies, when taking the potentials at infinity as zero. However, in general the kinetic energy is not known. Therefore it seems useful to compare the acting forces. These are obtained by radial differentiation of the potentials acting on the respective matters. On such basis the ratio of the total forces acting on the m(+)-matter are, when normalizing the absolute amounts to 100% (chapter 5.4):

| total contractive force on normal matter by m(+)-matter | total contractive force on Dark Matter by m(+)matter | total expansive force on m(+) matter by m(-)matter |
|---|---|---|
| -4,4 % to -5,1 % | - 24,2 % to - 28,2 % | 71,4 % to 66,7 % |

This is a surprising similarity with above quoted energy ratios. It should be noted that in the model oft he Dual Cosmos the absolute amount of the respective forces decrease with increasing expansion.

Same as in the Standard Theory also in this model the cosmic background radiation must have its origin in the Big Bang. However, the decrease of the wavelength is attributed to the Doppler shift z and from z the time, when the cosmos got transparent can be calculated (chapter 6.7). Here the match with the standard model is not good. Nevertheles it shows, that the model of the Dual Cosmos has the potential to explain the background radiation.

In this model of the cosmos the earth is an arbitrarily chosen point in above described m(+) shell of the cosmos. Therfore for any other star in the m(+) shell all above conclusions apply in the same way as for the earth.

Besides the inherent beauty of the Dual Cosmos model, containing no mathematical extravagancies and being in accordance with all physical principles valid on earth, this model seems to be a proper tool to describe the cosmos. The author hopes, that the validity of this model could be substantiated by detailed comparison with cosmologcal data

## 2. Einleitung

Die in den letzten hunderten Jahren gewonnenen Erkenntnisse der Physik erlauben eine sehr genaue Beschreibung der Wirklichkeit auf der Erde. Zu diesen Erkenntnissen gehören grundlegende physikalische Prinzipien wie der Impuls-, Drehimpuls- und Energieerhaltungssatz etc. Diese Prinzipien sind in der Newton'schen Mechanik sowie deren Erweiterung der Quantenmechanik und der Relativitätstheorie zusammengefasst. Diese Theorien sind grundsätzlich geeignet alle Vorgänge auf der Erde mit großer Genauigkeit zu beschreiben. Die Einschränkung liegt offensichtlich darin, dass die Vorgänge oft äußerst komplex (z. B. Wetter) sind. Trotz dieser Einschränkung ist eine wesentliche Grundannahme dieser Arbeit, dass die auf der Erde für wahr erkannten physikalischen Prinzipien und Gesetze auch für den gesamten Kosmos gelten, an allen Orten und zu allen Zeiten.

Eine wichtige Rolle spielt in dieser Arbeit ferner die Gravitation. Da ihre Wirkung noch in weit entfernten Galaxien und damit in fernster Vergangenheit beobachtet werden kann, ist sie im Kosmos an allen Orten und zu allen Zeiten vorhanden. Damit gibt es nun im Kosmos ein Problem, nämlich warum die Gestirne im Kosmos nicht kontrahieren, sondern im Gegenteil expandieren, bzw. expandierten. Wenn die gesamte Masse des Kosmos mit etwa $10^{53}$ kg angenommen wird und innerhalb eines Radius R verteilt ist, dann ist die gesamte zentripetal gerichtete Kraft dieses Systems nach Anhang 1 Gl.7

$$F = - 3/5 \cdot M^2 \cdot G \cdot 1/R^2 \text{ Newton}$$

also ungeheuer groß. Warum also zieht sich der Kosmos nicht zusammen, sondern dehnte und dehnt sich entgegen dieser Kraft sogar aus?

Die zwingende Schlussfolgerung ist, dass es im Kosmos eine Energie gibt, die das Zusammenziehen des Kosmos nicht nur verhindert, sondern darüber hinaus sogar eine Expansion bewirkt. Die Energie, die diese Kraft bewirkt, wird allgemein als Dunkle Energie bezeichnet. Deshalb wird auch hier diese Bezeichnung übernommen.

Eine weitere zwingende Schlussfolgerung ergibt sich aus der zeitlichen Zurückverfolgung der Expansion. Nämlich, dass das Volumen des Kosmos in der Vergangenheit viel kleiner war, je weiter zeitlich zurück desto kleiner. Der Beginn der Ausdehnung des Kosmos wird als Urknall bezeichnet. Dabei ist es zunächst offen, ob der Beginn der Expansion von einem Punkt „Null“ oder von einem endlichen Volumen aus startete. Wie auch immer wird in dieser Arbeit die Bezeichnung Urknall übernommen.

Zur Erklärung der Phänomene im Kosmos, insbesondere hinsichtlich Urknall und Dunkle Energie, wurde das sogenannte Standardmodell der Kosmologie entwickelt. Dieses Modell ist ein hypothetisches Modell, das u.a. mit Hilfe der Allgemeinen Relativitätstheorie und der kosmologischen Konstanten bzw. der Dunklen Energie die Beobachtungen im Kosmos zu erklären und beschreiben sucht. Eine zusammenfassende Beschreibung liegt z. B. von

Andrew Liddle vor [1]. Es erscheint wichtig darauf hinzuweisen, dass in diesem Modell die Ausdehnung des Kosmos durch eine Ausdehnung des (leeren) Raumes erklärt wird.

Obwohl dieses Modell von den allermeisten Kosmologen für alternativllos gehalten wird, regt es zu einer Reihe von Widersprüchen an, z.B. hinsichtlich Verletzung des Satzes von der Energie-Erhaltung, der Rotverschiebung von Licht durch die Ausdehnung des Raumes sowie der Inflation [2] in den ersten Sekunden nach dem Urknall. Eine harsche Kritik wurde von A. Unzicker geäußert [3]. Trotz des provokanten Titels „Vom Urknall zum Durchknall" wurde das Buch so ernst genommen, dass es von der in der Fachwelt angesehenen Zeitschrift „Bild der Wissenschaft" als Wissenschaftsbuch des Jahres 2010 ausgezeichnet wurde, wenn auch in der Rubrik Zündstoff.

In dieser Arbeit wird aus der Analyse der Expansion der Gestirne im Kosmos ein völlig neues Modell des Kosmos abgeleitet. Dabei wird die Expansion, also die festgestellte zunehmende Entfernung zwischen Sternen oder Galaxien nicht auf eine Ausdehnung des Raumes sondern – im Rahmen der gesicherten Physik - zwingend auf tatsächlich wirkende Kräfte zurückgeführt, welche die Gestirne beschleunigen und eine Vergrößerung der Entfernung zwischen ihnen bewirken. Wenn nun diese von der Dunklen Energie ausgehenden Kräfte auf Materie wirken, dann muss die Dunkle Energie auch selbst von Materie ausgehen. Weiterhin, da die Dunkle Energie überall im Kosmos wirkt, müssen die durch sie bewirkten Kräfte lange Reichweite besitzen, also nur mit dem Quadrat des Abstandes abnehmen. Ähnlich der normalen Materie und der Dunklen Materie wird in dieser Arbeit somit von Teilchen/Quanten der Dunklen Energie ausgegangen.

Beim zeitlichen Zurückverfolgen der Expansion wird das Volumen des Kosmos offensichtlich immer kleiner, bis man schließlich auf ein minimales Volumen kommt, das man – ohne Einschränkung der Allgemeinheit – als kugelförmig ansetzen kann, das alle Materie, die normale Materie, die Dunkle Materie und die weiter oben postulierten, materiebehafteten Teilchen der Dunklen Energie enthält. Aus dieser Logik heraus werden in Kap.3 die Kräfte betrachtet die in einem derartigen, kugelförmigen Volumen wirken, das mit solchen Teilchen gefüllt ist.

Das Ziel dieser Arbeit ist eine Beschreibung des Kosmos, die aus strikter Anwendung dieser Ausgangsbedingung resultiert. Es werden keine neuen physikalische Hypothesen eingeführt. Insbesondere wird auf die Hypothese der Ausdehnung des leeren Raumes, also des Vakuums verzichtet.

# 3. Teilchenmodell der Dunklen Energie

## 3.1 Fakten der Kosmologie

Die uns bekannte Materie wird im Folgenden als normale oder baryonische Materie, abgekürzt bM bezeichnet. Ihre Wechselwirkungen sind weitgehend bekannt und im Standardmodell der Elementarteilchen beschrieben. Die starke, schwache und elektromagnetische Wechselwirkung bewirken eine „Verklumpung“ der bM, hin zu Atomkernen, Atomen, chemischen Verbindungen und Festkörpern. Eine Besonderheit unter den Wechselwirkungen stellt die Gravitation dar. Sie ist mit Abstand die schwächste Wechselwirkung, hat lange Reichweite. Sie ist proportional zur Masse und dadurch kumulativ.

Die Beobachtungen in der Physik und der Kosmologie sind sämtlich Beobachtungen von normaler Materie. Im kosmischen Maßstab ist ihre herausstechendste Eigenschaft die ständig zunehmende Expansion. Dies ist erstaunlich, da aufgrund der Gravitation eine Verdichtung erwartet würde. Dies führte in der Kosmologie zur Hypothese einer Dunklen Energie (in dieser Arbeit abgekürzt als DE) als Erklärung für die Ausbreitung der bM entgegen der Schwerkraft.

Beobachtungen in der Kosmologie legen eine weitere Materiensorte nahe, die sogenannte Dunkle Materie (in dieser Arbeit abgekürzt DM), dunkel weil sie sich nur durch ihre Gravitation bemerkbar macht.

Das derzeitige Wissen um die Wechselwirkungen dieser Materie-/Energieformen untereinander lässt sich wie folgt zusammenfassen.

baryonische oder normale Materie

Die normale Materie ist mit der Gravitationskonstanten G anziehend zu sich selbst. In Anhang 1 sind für einige einfache Fälle Gravitations-Potentiale abgeleitet. Ihre Gesamtmasse im Kosmos wird mit $M(+) = n\cdot 10^{53}$ kg angenommen.

Dunkle Materie [(4)]

- zieht die bM an. Wegen des physikalischen Prinzips actio = reactio wird sie umgekehrt auch von bM angezogen.
- sendet, absorbiert und streut keine elektromagnetischen Wellen, ist also unsichtbar für elektromagnetische Wellen. Sie verhält sich für diese wie das Vakuum.
- kann mangels elektromagnetischer Wechselwirkungen nicht verklumpen
- kommt im Universum wesentlich häufiger vor (etwa Faktor 5,5) als bM.
- expandiert wie die baryonische Materie im Universum
- konnte bislang weder auf der Erde noch im Sonnensystem experimentell nachgewiesen werden.

Dunkle Energie [(5)]

- ist durch ihre Wirkung auf die bM (und DM) für deren Expansion verantwortlich
- seit dem, durch sie bewirkten Urknall sind rund $13{,}8 \cdot 10^9$ Jahre vergangen
- muss deutlich mehr Energie besitzen als die bM (ca. Faktor 13) oder DM (ca. Faktor 3)
- ist nicht nachweis- oder beobachtbar durch elektro-magnetische Wechselwirkung, insoweit ähnlich zu DM

## 3.2 Gravitationseigenschaft der Dunklen Materie

Aufgrund der Beobachtungen zieht die Dunkle Materie die baryonischen Materie an. Zur weiteren Analyse werden zwei kugelförmige Volumina mit Radius $r_0$ im Abstand r ( mit $r > 2r_0$ ) betrachtet, von denen die eine mit N Teilchen der Masse m(bM), die andere mit N' Teilchen der Masse m'(DM) gefüllt ist. Die in beiden Volumina enthaltenen Massen ziehen sich mit einer Kraft F proportional zu den jeweiligen Massen und zu $1/r^2$ an. Es gilt

$$F = - C_{++} \cdot N \cdot m(bM) \cdot N' \cdot m'(DM) \cdot 1/r^2 \qquad (1a)$$

$$F = - C_{++} \cdot M(bM) \cdot M'(DM) \cdot 1/r^2$$

mit $C_{++}$ als Bezeichnung der Anziehungskonstanten und M(bM) bzw. M'(DM) als die jeweiligen Gesamt-Massen. Da $C_{++}$ nur von den beiden Gesamt-Massen abhängt und die Wechselwirkung mit $1/r^2$ abnimmt kann Gleichung (1a) umgeformt werden zu

$$F = - G \cdot N \cdot m(bm) \cdot N' \cdot (C_{++} / G) \cdot m'(DM) \cdot 1/r^2 \qquad (1b)$$

Mit der Abkürzung $(C_{++} / G) \cdot m'(DM) = m''(DM)$ kann man schreiben

$$F = - G \cdot N \cdot m(bm) \cdot N' \cdot m''(DM) \cdot 1/r^2 \qquad (2a)$$

$$F = - G \cdot M(bM) \cdot M''(DM) \cdot 1/r^2 \quad (2b)$$

wobei die Abkürzungen $N \cdot m(bm) = M(bM)$ und $N' \cdot m''(DM) = M''(DM)$ verwendet wurden.

M''(DM) hat die Eigenschaft „Masse“ im Sinne der normalen Materie. D. h. die Masse der Dunklen Materie kann bei gleichem Abstandsgesetz $1/r^2$ so „normiert“ werden, dass die Anziehung zur normalen Materie durch die Gravitätskonstante G beschrieben wird.

Ferner kommt es nur auf die Gesamtmassen M(bM) und M''(DM) an und nicht auf wie viele Teilchen sich diese aufteilen. Bei Annahme gleicher Teilchenmassen m(bM) = m''(DM) entspräche das Verhältnis k

$$k = M''(DM) / M(bM) = N'm''(DM)/ Nm(bM)$$

dem Verhältnis der Zahl der Teilchen und bei Annahme gleicher Teilchenzahl N = N' dem Verhältnis der Teilchenmassen. In beiden Fällen ist k das Verhältnis der Gesamtmassen von DM zu bM. Dieses Verhältnis k ergibt sich aufgrund astronomischer Beobachtungen zu

$$k \approx 5{,}5$$

Die Wechselwirkung der DM zur bM kann also durch die Gravitation beschrieben werden. Gleichung 2 zeigt, dass die normierte Masse der DM-Teilchen der Gravitation unterliegt und bezüglich ihrer gravitativen Wechselwirkung zu bM die gleiche Eigenschaft hat wie die Masse der bM. Da die baryonische Materie zu sich selbst und zur Dunklen Materie mit der Gravitätskonstanten G anziehend ist, muss auch gelten: Die Masse der Dunklen Materie zieht sich selbst mit der Gravitationskonstanten G an ( Beweis siehe Anhang 2).

## 3.3 Teilchenmodell der Dunklen Energie

Für die Dunkle Energie gibt es verschiedene denkbare Erklärungsansätze. Einmal ein mathematisch abstrakter, der in Zusammenhang mit einer Ausdehnung des Raumes steht. Dies ist der Ansatz des derzeitigen Standardmodells der Kosmologie.

Ein alternativer Erklärungsansatz beruht auf einer physikalischen Beschreibung bzw. Einordnung als eine Energieform, derart dass diese Energie wie jede andere Energieform auch, in der Lage ist, auf massebehafteter Materie Kraft auszuüben. Da mit diesem Ansatz die Dunkle Energie auf die Masse der normalen Materie wirkt, ist nach dem Newton'schen Prinzip „actio et reactio“ die Annahme zwingend, dass sie selbst Masse bzw. masseähnliche Eigenschaften besitzt. Auf dieser physikalisch eigentlich selbstverständlichen Annahme basiert diese Arbeit.

Die Wechselwirkung der Dunklen Energie ( DE ) mit der baryonischen Materie geht somit bezüglich der DE ebenfalls von Teilchen oder Energie- Quanten aus m(DE) , denen eine

Masse zugeordnet wird und die sich durch „DE-spezifische“ Wechselwirkungen ihrer Massen m(DE) zu m(bM) , m(DE) zu m(DM) und m(DE) zu m(DE) bemerkbar machen.

Aufgrund ihrer großen makroskopischen Wirkung muss diese Wechselwirkung der m(DE) zur Dunklen Materie m(DM) und zur baryonischen Materie m(bM) folgende Eigenschaften besitzen:

- sie ist kumulativ, d.h. die von den einzelnen m(DE)-Teilchen ausgehenden Wechselwirkungen addieren sich und

- sie hat große Reichweite (d.h. die Wechselwirkungskraft nimmt mit nur $1/r^2$ ab)

Zur Simulation des Verhaltens der jeweiligen Teilchensorten im Kosmos wird ein abgeschlossenes, kugelförmiges Volumen betrachtet, das homogen mit frei beweglichen Teilchen der Dunklen Energie m(DE), Dunklen Materie m(DM) und normaler Materie m(bM) gefüllt ist, mit den jeweiligen Dichten D(bm), D(bm +DM) und D(DE). Ein derartiges Volumen ergibt sich zum Beispiel gedanklich beim zeitlichen Zurückverfolgen der Expansion des Kosmos von der heutigen Zeit $T_0$ nach dem Urknall bis auf die Zeit Null. Die auf die Teilchen wirkenden langreichweitigen Kräfte in diesem Volumen beruhen dann allein auf der Gravitation und der Wechselwirkung der Dunklen Energie. Ohne Einschränkung der Allgemeinheit nehmen wir in dem betrachteten Volumen gleiche Teilchendichten an. Die Wechselwirkungen der Teilchen der Dunklen Energie müssen so beschaffen sein , dass das Verhalten der einzelnen Materiesorten mit den unter 3.1 genannten Fakten der Kosmologie übereinstimmt, insbesondere der Expansion der normalen und Dunklen Materie.

Die in diesem Volumen auf ein baryonisches Teilchen m(bM) im Abstand r vom Zentrum wirkende Kraft F(bM(r)) ist zum einen die gravitative Wechselwirkung mit den innerhalb des Radius r befindlichen bM- und DM- Teilchen und zum anderen die „dunkle Wechselwirkung“ zu den darin befindlichen DE-Teilchen.

$$F(bM(r)) = 4/3\, r^3 \cdot \pi \left(- C_{++} \cdot D(bM+DM) \cdot m(bM) + C_{-+} \cdot D(DE) \cdot m(bM)\right) \cdot 1/r^2 \qquad (3a)$$

Dabei ist $C_{++}$ die Gravitationskonstante G und $C_{-+}$ die Wechselwirkungskonstante der bM-Teilchen mit den DE- Teilchen. Man sieht sofort, dass $C_{-+}$ zwingend positiv und somit eine Abstoßungskonstante sein muss, damit die bM- Teilchen überhaupt expandieren können. Wenn nicht würde m(bM) nur zentripetal beschleunigt werden.

Die entsprechende Überlegung können wir auch für DM-Teilchen durchführen, da diese ebenfalls expandieren. Auch diese müssen sich deshalb zu DE abstoßend verhalten.

$$F(DM(r)) = G \cdot 4/3\, r^3 \cdot \pi \cdot \left(- C_{++} \cdot D(bM+DM) \cdot m(DM) + C_{-+} \cdot D(EM) \cdot m(DM)\right) \cdot 1/r^2 \qquad (3b)$$

Als nächstes betrachten wir die auf ein DE-Teilchen m(DE) durch Abstoßung zur DM und bM sowie ihrer Wechselwirkung zu anderen DE-Teilchen in unserem kugelförmigen Volumen wieder im Abstand r vom Zentrum wirkende Kraft. Sie ist

$$F(DE(r)) = 4/3\, r^3 \cdot \pi \cdot \left(+C_{-+} \cdot D(bM+DM) \cdot m(DE) + C_{--} \cdot D(DE) \cdot m(DE)\right) \cdot 1/r^2 \qquad (4)$$

Es ist leicht zu erkennen, dass $C_{--}$ eine Anziehungskonstante sein muss, sonst wäre die zentrifugale Beschleunigung der DE- Teilchen größer als die der bM und DM. Wenn die DE-Teilchen schneller expandierten als bM und DM, könnten sie keine zentrifugalen Kräfte auf bM und DM ausüben. bM und DM würden verdichten statt expandieren. Also muss $C_{--}$ eine Anziehungskonstante sein, d.h. $-| C_{--} |$.

Es ergibt sich folgendes Modell: Die Teilchen der Dunklen Energie müssen notwendigerweise zu sich selbst anziehend und zu den Teilchen der DM und bM abstoßend sein. In analoger Weise sind die Teilchen der bM und DM zu sich selbst anziehend und zu den Teilchen der DE abstoßend.

Damit können zwei Materiensorten unterschieden werden, die in dieser Arbeit mit m(+) und m(-) bezeichnet werden. Zu m(+) gehört die uns im normalen Leben und durch Naturwissenschaften bekannte normale Materie m(bM ) sowie die Teilchen/Quanten der Dunklen Materie m(DM). Zur Materiesorte m(-) gehören die Teilchen/Quanten der Dunklen Energie m(DE). Die willkürliche Unterscheidung erfolgte aufgrund ihrer "symmetrischen" Wechselwirkungs-Eigenschaften.

## 3.4 Postulat eines stationären Urzustandes des Kosmos

Eines der grundlegendsten Gesetze der Physik ist das Gesetz der Energieerhaltung. Wegen der Einstein'schen Beziehung $E = mc^2$ schließt dieses Gesetz auch die Erhaltung der Massen ein. Dieses Gesetz gilt für alle Bereiche der Physik von der Elementarteilchenphysik, der Quantenmechanik bis hin zur Relativitätstheorie. Allein bei der Hypothese der Entstehung des Kosmos wird von diesem Gesetz abgewichen, indem postuliert wird, dass ca. $10^{53}$ kg Materie aus dem "Nichts" entstanden sind. Die heute überwältigende Akzeptanz dieser Hypothese liegt darin, dass sie mathematisch formuliert werden kann und imstande ist ein mathematisches Modell der Entstehung des Kosmos zu simulieren.

In dieser Arbeit wird dagegen der Versuch gemacht die Gültigkeit des Satzes von der Energieerhaltung auch auf die Anfangszeit des Kosmos zu erstrecken. Der Autor dieser Arbeit scheut sich, diese Selbstverständlichkeit als Hypothese zu bezeichnen. Aber da dies der gängigen Meinung widerspricht tut er es dennoch. Die Konsequenz dieser "Hypothese" für die Anfangszeit des Kosmos bedeutet, dass es einen stationären Urzustand des Kosmos gegeben haben muss, der schon alle Materie enthielt, eine unbestimmte Zeit existierte und durch ein Ereignis, das Urknall genannt werden kann, zu dem von uns wahrgenommenen Kosmos wurde.

## 3.5 Wechselwirkungskonstante der Dunklen Energie

Aus den Beobachtungen im Kosmos ist erforderlich (siehe obiges Kap. 3.3.), dass die m(-)-Materie zu sich selbst anziehend und zur m(+)-Materie abstoßend sein muss. Die weiteren Bedingungen der Wechselwirkung zwischen der m(-)-Materie und m(+)-Materie werden aus der Forderung abgeleitet, dass vor dem Urknall ein stationärer Urzustand des Kosmos bestand, der schon die gesamte Materie m(+) und m(-) enthielt.

Ohne Einschränkung der Allgemeinheit werde dieser stationäre Urzustand als kugelförmiger Raum betrachtet, wie er bei der zeitlichen Zurückverfolgung der Expansion des Kosmos bestanden haben könnte. In diesem Raum sei eine jeweils beliebige Menge an m(+)- und m(-) Materie enthalten. Die darin großräumig wirkenden Kräfte und Bewegungen sind allein die Gravitation der m(+)-Materie und die langreichweitigen Wechselwirkungen der m(-)-Materie zu sich selbst und zur m(+)-Materie.

Wenn wir die $1/r^2$ – Abbhängigkeit der wirkenden Kräfte annehmen, kommt es wieder nur auf die Gesamtmassen M(bm+DM) und M'(DE) bzw. den Teilchendichten D(+) und D'(-) in diesem betrachteten Volumen an. Man kann deshalb mathematisch von gleichen Teilchenzahlen N ausgehen und den Unterschied der Gesamtmassen bzw. Dichten auf unterschiedliche Teilchenmassen m(+) und m'(-) beziehen. Notwendige Voraussetzung für einen stationären Zustand ist zunächst eine homogene Verteilung der m(-)- und m(+)-Materie. Man kann leicht erkennen, dass dies bei unterschiedlichen Massen und Wechselwirkungs- Konstanten G, $C_{-+}$ und $C_{--}$ nicht hinreichend ist.

Die postulierte Kräftefreiheit kann nur vorliegen, wenn das gesamte Potential gleich Null ist, also

$$P = \Sigma(P_{++} + P_{+-} + P_{+-} + P_{--}) = 0$$

und nach Anhang 1

$$P = 3/5 \cdot N^2 / r_0 \cdot \left(-m(+)\cdot m(+)\cdot G + m'(-)\cdot m(+)\cdot C_{-+} + m(+)\cdot m'(-) \cdot C_{+-} - m'(-)\cdot m'(-)\cdot C_{--}\right) = 0 \qquad (5)$$

Wenn nun wieder angenommen wird, dass die Wechselwirkungskonstanten $C_{--}$, $C_{-+}$ und $C_{+-}$ sich auf Wechselwirkungen zwischen Massen beziehen und dem $1/r^2$ Gesetz folgen, sind diese Konstanten proportional zur Gravitationskonstanten G, also

$$C_{-+} = C_{+-} = b_1 \cdot G \qquad \text{und} \qquad C_{--} = b_2\, G$$

und nach Hineinrechnen dieser Faktoren erhalten wir

$$P = 3/5 \cdot N^2 \cdot G / r_0 \cdot \left(-m(+)\cdot m(+) + 2\, b_1 m'(-)\cdot m(+) - b_2\, m'(-)\cdot m'(-)\right) = 0 \qquad (6)$$

Man kann nun die Masse mit $m''(-) = \sqrt{b_2} \cdot m'(-)$ umnormieren und erhält

$$P = 3/5 \cdot N^2 \cdot G/ r_0 \cdot \left(- m(+)\cdot m(+) + \frac{2\,b_1}{\sqrt{b_2}}\cdot m''(-)\cdot m(+) - m''(-)\cdot m''(-)\right) = 0 \qquad (7)$$

Diese Umnormierung definiert die Masse der Teilchen der Dunklen Energie so um, dass die Gravitationskonstante die Anziehungskonstante der umnormierten m(-)-Materie, ist. Notwendige und hinreichende Bedingung, dass das in Gl.7 beschriebene Potential tatsächlich Null wird, ist dann

$$\frac{b_1}{\sqrt{b_2}}\cdot = 1 \qquad (8)$$

Wie groß auch immer die Einheitsmasse m'(-) der Dunklen Energie ist, es kann $b_2$ so festgelegt werden, dass m''(-) zu m''(-) zueinander die gleiche Kraft ausüben wie m(+) zu m(+), also m''(-) = m(+) ist und Gl. 7 nur erfüllt sein kann wenn $\frac{b_1}{\sqrt{b_2}}\cdot = 1$ ist, also die "Abstoßungskonstante" von m''(-) zu m(+) dem Wert der Gravitationskonstanten -G entspricht. Formal kann man $b_1 = 1$ und $b_2 = 1$ setzen.

Damit wirken in diesem Volumen keine großräumigen Kräfte. Dies ist auch physikalisch evident, da bei gleicher Teilchenzahl $N(m(+)) = N(m(-))$, gleicher Teilchenmasse m(-) = m(+) und homogener Verteilung sich die Kräfte gegenseitig kompensieren.

Die starke und schwache Wechselwirkungen der baryonischen Materie sind wegen ihrer kurzen Reichweite nicht in der Lage ein makroskopisches Potential zu generieren, das zu großräumigen Bewegungen führen könnte. Die elekrisch geladenen baryonischen Teilchen sind zum einen gegen sich selbst abstoßend und zum anderen kompensieren sie sich schon in kleinsten Bereichen gegenseitig durch die Stärke der elektrischen Wechselwirkung und können dadurch ebenfalls kein großräumiges Potential entwickeln. Ferner ist es möglich, dass durch die homogene Mischung der baryonischen Materie mit der Dunklen Materie und der Dunklen Energie diese Wechselwirkungen beeinträchtigt wurden oder nicht zur Entfaltung kommen konnten.

Im Folgenden wird auf den Zusatz "umnormiert" verzichtet, wenn von der Masse der Dunklen Energie die Rede ist.

Nach oben stehenden Ausführungen sind für ein stationäres Gleichgewicht eines Raumes, der mit m(+) und m(-) Materie gefüllt ist und bei Abwesenheit anderer Wechselwirkungen folgende Bedingungen notwendig und hinreichend:

- die m(+)- und m(-)-Materie ist homogen verteilt
- in diesem Raum ist die Masse der m(-)-Materie gleich der Masse der m(+)-Materie
- die m(+)-Materie ist zu sich selbst mit der Gravitationskonstanten G anziehend und zur m(-) Materie mit der Gravitationskonstanten -G abstoßend
- die m(-)-Materie ist zu sich selbst mit der Gravitationskonstanten G anziehend zur m(+) Materie mit der Gravitationskonstanten -G abstoßend

Ein derartiger Raum ist zugleich die Voraussetzung für einen Urknall ohne Verletzung des Energie-Erhaltungssatzes. Er wird in dieser Arbeit als Modell des Kosmos vor dem Urknall definiert und als "Urraum" bezeichnet. Inwieweit dieses Modell falsch, sinnvoll oder richtig ist, kann nur entschieden werden, ob und inwieweit die sich aus diesem Modell zwangsläufig ergebenden pysikalischen Folgerungen mit den kosmischen Beobachtungen übereinstimmen.

## 3.6 Anmerkung

Wenn angenommen wird, dass die Dunkle Energie auf die Materie Kräfte ausübt und dadurch die Expansion des Kosmos bewirkt, sind die obigen Schlussfolgerungen zwingend. Da es nur auf die Gesamtmassen ankommt, kann nicht entschieden werden auf wieviele Teilchen sich die Masse der Dunklen Energie aufteilt. Als Extremfall könnte die gesamte Masse M(-) in einem einzigen Punkt konzentriert sein. Die Expansion der m(+)-Materie bliebe bestehen, hinge aber von der Größe der Masse M(-) ab, über die keine Aussage gemacht werden könnte.

Das Problem bei der Konzentration der m(-)-Materie in einem einzigen Punkt wäre, dass es keinen stabilen Gleichgewichtszustand gegeben haben könnte. Außerdem würde dieser Punkt eine extreme Singularität darstellen und im Widerspruch zur Physik stehen, dass alle Materie aus Teilchen bzw. Quanten besteht.

## 4. Folgerungen

Die Annahme der Materieeigenschaft der Dunklen Energie führt zu Konsequenzen hinsichtlich der Kosmologie aber auch anderer physikalischer Phänomene.

### Kosmos

Das Modell des Kosmos dieser Arbeit erlaubt die Folgerung, dass es die im Kosmos enthaltene Materie schon immer gab. Dies ist gleichwertig mit der Aussage, dass das Energieerhaltungsprinzip auch für die Anfangszeit des Kosmos galt.

Eine weitere Folgerung ist, dass der Kosmos ein Zentrum besitzt.

Diese und weitere Konsequenzen hinsichtlich Urknall, beobachtbares Universum, Rotverschiebung und Hintergrundstrahlung werden in den nächsten Kapiteln ausgeführt

### Masse der m(-) Materie

Eine negative Masse für die m(-)-Materie wäre aus ästethischer Sicht womöglich befriedigend. Das Gravitationsgesetz F = - G/r·m(a)·m(b) würde für alle Massenkombinationen (a, b = "+" und/oder "-") unverändert gelten. Ferner wäre die Gesamtmasse des Kosmos Null. Diese denkbare Möglichkeit scheidet allerdings aus.

Dazu betrachte man die kinetische Energie, die wegen $E_{kin} = \frac{m(-)}{2} \cdot v^2$ ebenfalls negativ wäre. Nach Kap. 3 zieht sich m(-) Materie mit der Gravitationskonstanten G an. Wenn wir zwei m(-)-Massenpunkte im Abstand $r_2$ betrachten, die sich auf den Abstand $r_1$ allein durch ihre gegenseitige Gravitation annähern, nähme dann sowohl die potentielle Energie als auch die kinetische Energie ab. Das kann nicht sein, denn das Prinzip der Energieerhaltung wäre verletzt .

Eine trotzdem gemachte Annahme einer positiven kinetischen Energie scheidet ebenfalls aus, denn bei andauernder Beschleunigung der m(-)-Materie würde wegen des Masseäquivalents der kinetischen Energie die Gesamt- Masse gegen Null gehen, bei sehr hohen Geschwindigkeiten sogar positiv werden. Unter Verletzung des Impuls- und Energiesatzes.

Die m(-) Materie muss deshalb eine positive Masse, also eine positive Energie besitzen

Bei Verbindungen zweier m(-) Teilchen gleicht die freiwerdende ( kinetische) Energie den Massendefekt des m(-) Systems aus , genau wie bei der m(+) Materie. Es gibt keine Verletzung des Energie- und/oder Impulserhaltungssatzes. Die m(-)- Materie hat damit die gleiche positive Masseneigenschaft wie die m(+) Materie, besitzt lediglich eine andere Eigenschaft bezüglich der Gravitation. Man hat also

$$m(-) \cdot c^2 = m(+) \cdot c^2 = E$$

Die Art der Gravitation (anziehend, abstoßend) ist demnach eine Eigenschaft der Materie wie z. B. elektrische Ladung, Spin oder Parität.

## Elektromagnetische Strahlung und andere Wechselwirkungen

Wird in einem Gedankenexperiment eine gravitorische Potentialdifferenz in eine elektromagnetische Strahlung umgewandelt, dann muss diese die gleiche Eigenschaft wie m besitzen (+) oder (-). Dies kann man auch durch ein Gedankenexperiment veranschaulichen, in dem die Gravitation zwischen zwei relativistische Massen m(-) und m(+) betrachtet wird

$$F = \frac{G}{r^2} \cdot m(-) \cdot m(+) = \frac{G}{r^2} \cdot \left( m(+)_0 + E_{kin}(+)/c^2 \right) \cdot \left( m(-)_0 + E_{kin}(-)/c^2 \right)$$

Wenn die kinetische Energie durch ein Lichtquant ersetzt wird, kann sich wegen Energie-Impulserhaltung die auf ein anderes Teilchen ausgeübte Kraft F nicht ändern, deshalb muss auch das jeweilige Lichtquant die Eigenschaft (-) bzw. (+) besitzen.

Dies führt bezüglich der m(-)-Materie zu drei möglichen alternativen Schlussfolgerungen. Entweder das aus einem Potential mit m(-) -Materie hervorgegangene Quant ist

1. ein Lichtquant mit der gravitorische Eigenschaft (-),
2. ein Quant einer völlig neuen nur auf m(-)-Materie wirkende Wechselwirkung oder
3. die m(-) Materie besitzt analog zur Dunklen Materie keine elektromagnetischen Eigenschaft.

Welche der Möglichkeiten richtig ist kann hier nicht entschieden werden. Wir vermuten die dritte der aufgeführten Alternativen. Wie auch immer, welche der drei Möglichkeiten zutrifft, es kann durch elelektromagnetische Wechselwirkungen keine Energie von m(+)- auf m(-)-Materie übertragen werden und umgekehrt. Analoge Schlussfolgerungen gelten für die Wechselwirkungen der schwachen und starken Kernkraft.

Damit ergibt sich, dass m(+)- und m(-) – Materie zueinander nur gravitativ wechselwirken können. Im Allgemeinen könnte es dabei zu einer Energieübertragung von m(+)- zu m(-)-Materie und umgekehrt kommen. Dies wäre verbunden mit einer Zu- bzw, Abnahme der der Summe der m(+)- bzw. m(-) Eigenschaften und muss der Randbedingung genügen , dass die gesamte Energie des Sysems unverändert bleibt.

Wenden wir dieses Ergebnis auf die Paarbildung an, dann hat auch das bei der Paarbildung entstehende Teilchenpaar ebenfalls die Eigenschft des auslösenden Lichtquants, nämlich (+). Bezüglich der Eigenschaft (+) hätte man es dann nicht mit einem "Antiteilchen" zu tun. Es wäre tatsächlich ein "unechtes" Antiteilchen, da es ja wie sein Gegenpart die Gravitationseigenschaft (+) hat. Ein "echtes" Antiteilchen sollte stattdessen zusätzlich die Gravitationseigenschaft (-) besitzen.

# 5. Modell des Kosmos

## 5.1 Kosmos vor dem Urknall

Da in dieser Arbeit vom Energieerhaltungssatz ausgegangen wird, muss der Kosmos auch schon vor dem Urknall bestanden haben. Im Modell dieser Arbeit verwenden wir dafür die Bezeichnung Urraum. Der Urraum ist der Zustand des Kosmos vor dem Urknall, wobei noch keine Ausdehnung des Kosmos durch Gravitation erfolgte.

Im Urraum befand sich bereits sämtliche Materie und zwar gemäß Kapitel 3 mit der Anziehungskonstanten G von m(+) zu m(+) und m(-) zu m(-), sowie der Abstoßungskonstanten -G von m(+) zu m(-) und umgekehrt. Wenn ein Gleichgewichtszustand angenommen wird (Kap.3.4) enthielt der Urraum gleich viel m(+)-Materie wie m(-)-Materie in homogener, isotroper Verteilung. Unter diesen Bedingungen konnte er sich in einem Gleichgewicht befunden und über eine unbestimmte Zeit existiert haben. Bei oben angenommener Verteilung hebt sich für jeden Punkt dieses Raumes, der Einfachheit halber als kugelförmig angenommen, das anziehende und abstoßende Potential gerade auf. Denn an jedem Punkt dieses Raums ist die Dichte der m(-)- gleich der Dichte der m(+)-Materie.

Zur weiteren Analyse werden die Potentiale in Anteile der verschiedenen Wechselwirkungen aufgeschlüsselt: dem Anziehungspotential (Gravitation ) zwischen m(+) und m(+) sowie zwischen m(-) und m(-) sowie dem Abstoßungspotential zwischen m(+) und m(-) und zwischen m(-) und m(+). Die Aufteilung ergibt nach Anhang 1 Gl. 7 folgende Potentiale mit

M(+) = Gesamtmasse der normalen und der Dunklen Materie,
M(-) = Gesamtmasse der der Dunklen Energie zuordnenbare Materie
b = der Radius des Urraums in Lichtjahren

m(-) zu m(-): $$E_{pot}(--) = -\frac{3}{5}\cdot\frac{1}{b} G\cdot M(-)\cdot M(-) \quad (1a)$$

m(+) zu m(+): $$E_{pot}(++) = -\frac{3}{5}\cdot\frac{1}{b} G\cdot M(+)\cdot M(+) \quad (1b)$$

m(-) zu m(+) und
m(+) zu m(-) : $$E_{pot}(+-) = \frac{6}{5}\cdot\frac{1}{b} G\cdot M(+)\cdot M(-) \quad (1c)$$

mit dem aufsummierten Gesamtpotential $E_{pot}$

$$E_{pot} = E_{pot}(--) + E_{pot}(++) + E_{pot}(+-) = 0$$

das an allen Orten konstant und Null war. Es konnte keine Verschiebungen und Beschleunigungen von Materie durch gravitative Wechselwirkungen geben, insbesondere auch keine Expansion. Die kinetische Energie kann deshalb mit Null angesetzt werden. Wenn überhaupt konnte sie nur lokal im Gleichgewicht mit anderen Wechselwirkungen auftreten. Die anderen Wechselwirkungen - sofern sie im homogenen Gemisch mit den Teilchen der Dunklen Materie und Dunklen Energie überhaupt schon herausgebildet hatten - waren entweder wegen ihrer kurzen Reichweite lokal auf ihre Nachbarschaft begrenzt oder konnten sich wegen der Abstoßung zu sich selbst (elektrischen Ladungen) und der gegenseitigen Kompensation nicht entfalten.

Für die Größe des Urraums ergeben sich zunächst keinerlei Hinweise. In Anlehnung an die klassische Urknallhypothese kann man vermuten, dass der Urraum sehr klein war. Nimmt man näherungsweise zur Berechnung der Größe des Urraums die Dichte eines Atomkernes von etwa $2 \cdot 10^{17}$ kg/m³ an, so ergäbe sich bei einem Gesamtgewicht des Kosmos von etwa $10^{53}$ kg ein Radius von etwa einer Lichtstunde. Hinsichtlich der Stabilität des Urraums ist zu berücksichtigen, dass es aus einem homogenen Gemisch von m(+)- und m(-)-Materie bestand, mit einem sehr kleinen Anteil von normaler Materie.

In dieser Arbeit wird der Radius des Urraums mit b Lichtjahren angesetzt, wobei b in einem weiten Bereich liegen kann, dessen obere Grenze eher deutlich kleiner als $10^{-3}$ Lj vermutet wird

$$b < 10^{-3} \text{ Lj}$$

Insgesamt gelten die weiteren Analysen dieser Arbeit mit hoher Genauigkeit, solange b nicht viel größer als 10 Lj ist.

## 5.2 Urknall

Im Standardmodell der Kosmologie wird beim Urknall von einem Punkt 0 und einer damit verbundenen Singularität ausgegangen. Damit wird die Hypothese des Urknalls mit weiteren zusätzlichen Hypothesen belastet, nämlich der Entstehung des Kosmos mit über $10^{53}$ kg Materie aus dem "Nichts", mit der dann erforderlichen Inflation, der immensen Ausdehnung in einem extrem winzigen Bruchteil einer Sekunde, und was sich in den ersten Sekunden nach dem Urknall abgespielt hat. In dieser Arbeit wird statt dessen vom Prinzip der Energie-Erhaltung ausgegangen, dass die im Kosmos enthaltene Materie, und zwar m(+)- und m(-)-Materie, schon immer existierte und ursprünglich auf einem Raum, den unter Punkt 5.1 definierten Urraum, homogen verteilt war. Durch ein Ereignis, das Urknall genannt werden kann, wurde dieser Urraum dehomogenisiert und expandierte.

Es spielt für das vorliegende Modell keine Rolle durch welchen Prozess die Dehomogenisierung des Urraums einsetzte. Das Gleichgewicht des Urraums konnte instabil werden, wenn - durch welche Ursache auch immer - eine Akkumulierung von m(-)-Materie im Zentrum des Urraums einsetzte. Sobald dies initiiert war, konnte sich die Akkumulierung beschleunigt fortsetzen, da es am Ort der Akkumulation zu einer stärker werdenden gravitativen Anziehung von m(-)-Materie und gleichzeitiger Abstoßung der m(+)-Materie kam. Durch diese positive Rückkopplung wurde der Urraum durch eine sich selbst verstärkende Trennung der Teilchensorten m(+) und m(-) zunehmend dehomogenisiert, derart dass sich die m(-)-Materie um den Ausgangsort der Dehomogenisierung ("Urpunkt") konzentrierte und die m(+)-Materie davon expandierte. In dieser Arbeit wird der Urknall wie folgt definiert:

Der Urknall ist das Ereignis in der Geschichte des Kosmos bei dem die Expansion des Kosmos ausgehend vom Urraum ("Vor-Urknall-Kosmos") durch gravitative Wechselwirkungen einsetzte.

Das vorliegende Modell beinhaltet eine Beschreibung des Kosmos nach dem Urknall, genauer ab dem Zeitpunkt ab dem die Konzentrierung der m(-) Materie um den Urpunkt erfolgt war und die Expansion der m(+)-Materie mit nahe Lichtgeschwindigkeit erfolgte. Dieser Anfangszustand des expandierenen Kosmos ist der kleinste (und älteste) Zustand, der theoretisch denkbar mit physikalischen Methoden beim Zurückverfolgen des heutigen Kosmos noch ohne Interpretation einer Singularität beschrieben werden könnte.

## 5.3 Resultierende Struktur des expandierenden Kosmos

Mit dem Urknall erfolgte der Übergang des Urraums in den expandierenden Kosmos. Dabei kontrahierte die m(-)-Materie zentripetal, wohingegen die m(+)-Materie zentrifugal expandierte. Dieser Übergang war ein sich selbst lawinenartig verstärkender, komplexer Prozess. Da wegen des Prinzips der Erhaltung von Energie und Masse schon sämtliche Materie existierte traten hohe Beschleunigungen auf. Die expandierenden m(+)-Teilchen erreichten sämtlich Geschwindigkeiten, die sich asymptotisch der Lichtgeschwindigkeit annäherten. Der Übergang endete schließlich mit der Konzentration der m(-)-Materie im Zentrum („M(-)- Kern“) und der von diesem M(-)-Kern zentrifugal nach allen Seiten nahe Lichtgeschwindigkeit expandierenden m(+)-Materie. Aus dieser Urknall-Situation ergeben sich zwingende Schlusfolgerungen hinsichtlich erstens der Expansionsgeschwindigkeit, die in sehr guter Näherung konstant ist und zweitens der Verteilung der m(+)-Materie in einer „dünnen“ Kugelschale.

### A. Nachweis der konstanten Expansionsgeschwindigkeit der m(+)-Materie

Die unter Kap 5.1 für den Urraum aufgeführten Gravitations - Potentiale sind gleichbedeutend mit potentiellen Energien, da sie die Potentialdifferenz von Unendlich zum jeweiligen Radius darstellen. Durch den Urknall bleibt dieses so definierte Energie-Niveau konstant.

Für die Bildung des M(-)-Kerns ist das Anziehungspotential der m(-)-Materie verantwortlich. Die Kontraktion der m(-)-Materie führt möglicherweise zur Bildung eines Schwarzen Loches, bestehend aus m(-)-Materie mit der Gesamtmasse M(-), die auch die kinetische Energie der m(-)-Materie bzw. deren Folge-Energien enthält. Die Gesamt-Energie der m(-)-Materie E (m(-),ρ) ist nach der Kontraktion unverändert, also auch unabhängig vom Radius ρ nach der Kontraktion

$$E\,(m(-),\rho) \;=\; const. = -\,\frac{3}{5}\cdot\frac{1}{b}\cdot G\cdot M(-)\cdot M(-)$$

Die Expansion der m(+)-Materie wird durch die Abstoßung zur m(-)-Materie bzw. zum M(-)-Kern verursacht. Die m(+)-Materie wird dabei, trotz der Anziehung zu sich selbst, radial gleichmäßig in alle Richtungen beschleunigt. Der M(-)-Kern bleibt im Zentrum und erfährt keine Beschleunigung. E (m(-),ρ) bleibt unverändert. Wegen des Prinzips der Energieerhaltung ergibt sich für die Gesamtenergie der m(+)-Materie nach Ausdehnung auf einen Radius r

$$E\,((m(+)\,,r) = const. = K_1\cdot\frac{G}{r}\cdot M(-)\cdot M(+) - K_2\cdot\frac{G}{r}\cdot M(+)\cdot M(+) + E_{kin}((m(+),r) \qquad (2a)$$

In Gl. 2a sind $K_1$ bzw. $K_2$ von der geometrischen Verteilung abhängige Faktoren. Nach Anhang 1 variiert $K_1$ von 6/5 (bei homogener Verteilung innerhalb r) bis 1 bei Ausdehnung aller m(+)-Materie auf den "Rand". $K_2$ variiert von 3/5 (wieder bei homogener Verteilung) bis 1/2 bei Ausdehnung aller m(+)-Materie auf den Rand. Da sämtliche m(+)-Materie schon nach kurzer Zeit nahezu Lichtgeschwindigkeit besitzt, ist im Bezugssystem des Urpunktes von einem dünnen Randbereich auszugehen in dem sich die m(+) Materie befindet. Deshalb kann man (unter Berücksichtigung von Anhang 1 Gl.11 in sehr guter Näherung $K_1 = 1$ und $K_2 = 0.5$ setzen, also

$$E\,((m(+)\,,r) = \frac{G}{r}\cdot M(-)\cdot M(+) - \frac{G}{2r}\cdot M(+)\cdot M(+) + E_{kin}((m(+),r) \qquad (2b)$$

Dabei bedeutet M(-) und M(+) die jeweils durch die Gravitation unveränderte Masse, also die jeweilige Ruhemasse (Anhang 1 A2), da in der betrachteten Anfangsbedingung keine kinetische Energie vorlag. $E_{kin}((m(+),r)$ ist die aus dem Anfangspotential der m(+)-Materie bei der Expansion auf den Radius r gewonnene kinetische Energie. Diese ergibt sich aus der Differenz der Potentiale der m(+)-Materie zwischen Urraum (Kap.5.1 Gl. 1b und 1c) und expandierendem Kosmos

$$E_{kin}((m(+),r) = \frac{6}{5}\cdot\frac{G}{b}\cdot M(-)\cdot M(+) - \frac{G}{r}\cdot M(-)\cdot M(+) - \frac{3}{5}\cdot\frac{G}{b}\cdot M(+)\cdot M(+) + \frac{G}{2r}\cdot M^2(+)\,)$$

mit M(-) = M(+) = M ergibt sich

$$E_{kin}((m(+),r) = \frac{3}{5}\cdot\frac{G}{b}\cdot M^2 - \frac{G}{2r}\cdot M^2 \qquad (3)$$

Für die Gesamtenergie gilt durch Einsetzen in Gl. (2b)

$$E\,((m(+)\,,r) = \frac{3}{5}\cdot\frac{G}{b}\cdot M^2 = E_{kin}((m(+),r) + \frac{G}{2r}\cdot M^2 \qquad (4)$$

Die Energie des Anfangspotentials der m(+)-Materie zum M(-)-Kern wird zunehmend aufgebraucht um die m(+) Materie zu expandieren. Dabei bewirkt ein Teil eine Erhöhung des m(+) - m(+) Potentials. Ein anderer Teil wird entsprechend Gl. 3 in kinetische Energie der m(+) Materie überführt. Bei Expansion bis Unendlich, nach Erreichen des Gravitations-Potentials Null, würde die verbleibende Energie der m(+)-Materie nurmehr in Form kinetischer Energie vorliegen.

Die Energie der m(+)-Materie kompensiert die negative potentielle Energie des M(-)-Kerns. Die Gesamtenergie des Kosmos ist somit unverändert. Man kann sagen, die Energie des Urraums wurde nach dem Urknall "umsortiert".

Die Geschwindigkeit u' der expandierenden m(+)-Materie ist für das Verständnis des Kosmos von besonderer Bedeutung. Ausgangspunkt zu deren Bestimmung ist obige Gl.3 . Mit

$$E_{kin}((m(+),r)/c^2 = M - M_0 = M_0\cdot\frac{1}{\sqrt{(1-u'^2/c^2)}} - M_0$$ kann man schreiben

(unter Beachtung, dass in Gl.3 die Masse M mit der Ruhemasse identisch ist)

$$\frac{3}{5}\cdot G\cdot\frac{M}{c^2}\cdot\left(\frac{1}{b}-\frac{5}{6}\cdot\frac{1}{r}\right)=\frac{1}{\sqrt{(1-u'^2/c^2)}}-1$$

Daraus ergibt sich für die mittlere Geschwindigkeit $\overline{u}'$ der m(+)-Materie im expandierenden Kosmos (r groß gegen b , und $\overline{u}'$ sehr nahe Lichtgeschwindigkeit ) in sehr guter Näherung

$$\frac{3}{5}\frac{GM}{c^2}\cdot\left(\frac{1}{b}-\frac{5}{6r}\right)=\frac{1}{\sqrt{(1-u'^2/c^2)}}\qquad \text{und mit}\quad \overline{u}'=c-\overline{\varepsilon}'$$

$$\frac{3}{5}\frac{GM}{c^2}\cdot\left(\frac{1}{b}-\frac{5}{6r}\right)=\sqrt{c/2\,\overline{\varepsilon}'}\tag{5}$$

$$\frac{9}{25}\frac{G^2M^2}{c^4}\cdot\left(\frac{1}{b}-\frac{5}{6r}\right)^2=\frac{c}{2\overline{\varepsilon}'}$$

Da sich viele Beziehungen sehr viel einfacher mit der sehr, sehr kleinen Abweichung ε von der Lichtgeschwindigkeit darstellen lassen, vereinfacht es die Darstellung, für diese Größe eine eigene Bezeichnung zu definieren. In dieser Arbeit wird sie Avol genannt (als Abkürzung von **A**bweichung **vo**n der **L**ichtgeschwindigkeit). Ganz allgemein ist die Beziehung der Avol ε mit der kinetischen Energie eines Massepunktes der Ruhemasse $m_0$ mit der Geschwindigkeit u sehr nahe der Lichtgeschwindigkeit u = c–ε folgendermaßen

$$E_{kin}=m_0\cdot\sqrt{c/2\,\varepsilon}$$

Angewandt auf den expandierenden Kosmos hat man

$$E_{kin}((m(+),r)/c^2=M(+)\cdot\sqrt{c/2\,\overline{\varepsilon}'}\qquad\text{und}$$

$$\overline{\varepsilon}'=\frac{25}{18}\cdot\frac{c^5}{G^2\cdot M^2}\cdot\frac{1}{(1/b-5/6r)^2}\tag{6a}$$

$$=\frac{25}{18}\cdot\frac{c^5\cdot b^2}{G^2\cdot M^2}\cdot\frac{1}{(1-5\cdot b/6r)^2}\qquad\text{und bei r groß gegen b}$$

$$=\frac{25}{18}\cdot\frac{c^5\cdot b^2}{G^2\cdot M^2}\cdot\left(1+\frac{10b}{6r}\right)\tag{6b}$$

$$\overline{\varepsilon}'=\frac{25}{18}\cdot\frac{c^5\cdot b^2}{G^2\cdot M^2}\tag{6c}$$

Nach Einsetzen von $M = n\cdot 10^{53}$ kg ergibt sich für hinreichend große r eine mittlere Avol $\overline{\varepsilon}'$ von

$$\overline{\varepsilon}'\approx 0{,}68\cdot(b^2/n^2)\cdot 10^{-11}\ \text{m/sec}\tag{6d}$$

Für die m(+)-Materie im heutigen Kosmos ist dies zugleich die Gesamtenergie E(m+) der m(+)-Materie in sehr guter Näherung von

$$E\,((m(+),r)\approx M(+)\cdot\sqrt{c/2\,\overline{\varepsilon}'}$$

da die verbleibende potentielle Energie verschwindend klein gegenüber der kinetischen Energie ist.

Die mittlere Avol $\bar{\varepsilon}'$ , und damit auch die mittlere Geschwindigkeit $\bar{u}'$, hängt neben der Gesamtmasse M der m(+)-Materie nur noch vom Radius b (Lj) des Urraums ab und wird bei der mit Lichtgeschwindigkeit erfolgender Expansion auf $r = p\cdot b$ Lj (mit $p > 10000$) nach der sogenannten Übergangszeit $T' = 10^4\cdot b$ Jahren (=Lj/c) erreicht ( siehe Gl. 6b) und bleibt bei weiterer Ausdehnung konstant.

$$\bar{u}' = c - \bar{\varepsilon}' = \text{konstant} \quad \text{für} \quad T' \geq p\cdot b \text{ (Jahre)} \quad \text{mit} \quad p > 10000$$

Es kann nicht genug betont werden, dass dieses Ergebnis eine ganz entscheidende Rolle bei der weiteren Analyse dieses Kosmosmodells spielt.

## Verteilung der m(+)-Materie im Kosmos

Aufgrund der räumlichen Struktur des Urraums und der Komplexität des Urknalls werden die tatsächlichen Werte der Avol $\varepsilon'$ vom Mittelwert $\bar{\varepsilon}'$ abweichen. Die Abweichungen von $\bar{\varepsilon}'$ können durch einen von den Anfangsbedingungen abhängigen Parameter L beschrieben werden.

$$\varepsilon'(L) = \bar{\varepsilon}'\cdot 10^{L} \tag{7}$$

Wenn der Mittelwert der Avol $\bar{\varepsilon}'$ einen nach der Anfangs- Expansion konstanten Wert annimmt, ist zu erwarten, dass dann auch vom Mittelwert abweichende Avol $\varepsilon'$ bei hinreichender Expansion konstante Werte erreichen. Dies kann aus der Analyse der Gleichungen 6b und 6c nachgewiesen werden.

Wird in 6c die mittlere Avol $\bar{\varepsilon}'$ durch einen größeren Wert $\varepsilon' = \bar{\varepsilon}'\cdot 10^{+L}$ ersetzt, so erkennt man, dass $\varepsilon'$ einen um den Faktor $10^{L/2}$ größeren "effektiven" Radius des Urraums

$$\varepsilon' = \frac{25}{18}\cdot\frac{c^5\cdot(b\cdot 10^{L/2})^2}{G^2\cdot M^2}$$

entspricht und bei entsprechend größerer Expansion ebenfalls einen konstanten Wert erreicht (siehe Gl. 6b). Bei kleineren Werten von $\varepsilon'$ wird die Konvergenz schon bei geringerer Expansion erreicht.

Bei dem angenommenen Radius des Urraums von $b= 10^{-3}$ (Lj) wird die Konvergenz schon bei einer Übergangszeit (vom Urraum zum expandierendn Kosmos) von $T'= 10$ Jahren nach dem Urknall erreicht. Selbst bei einem um der Faktor $10^4$ größeren Radius b des Urraums ist die Konvergenz noch ausreichend. Es gilt also für $T_0 \gg T'$

$$\varepsilon'(L) = \bar{\varepsilon}'\cdot 10^{+L} = \frac{25}{18}\cdot\frac{c^5\cdot b^2\cdot 10^{L}}{G^2\cdot M^2} = 0{,}68\cdot(b^2/n^2)\cdot 10^{-11+L} = \text{const} \tag{8a}$$

Diese Verteilung der Avol $\varepsilon'$ legt auch die Verteilung der Geschwindigkeiten um deren Mittelwert $\bar{u}'$ fest und bei einer Zeit T mit $T_0 \gg T'$ ebenfalls die Verteilung der Entfernungen zum Urpunkt um deren Mittelwert

$$u'(L) = c - \varepsilon'(L) = c - \bar{\varepsilon}'\cdot 10^{+L} = c - 0{,}68\cdot(b^2/n^2)\cdot 10^{-11+L} = \text{const.} \tag{8b}$$

$$R'(L) = T\cdot(c - \bar{\varepsilon}'\cdot 10^{+L}) = T\cdot(c - 0{,}68\cdot(b^2/n^2)\cdot 10^{-11+L}) \qquad (8c)$$

Da ein Massepunkt mit L =2 schon um den Faktor 100 von der mittleren Avol abweicht, bzw. um das Zehnfache von der mittleren Energie erscheint eine Begrenzung von L auf einen Wert von etwa 2 sinnvoll. Die sich aus obigen Ausführungen ergebende Struktur des expandierenden Kosmos ist in Abb.1 schematisch dargestellt.

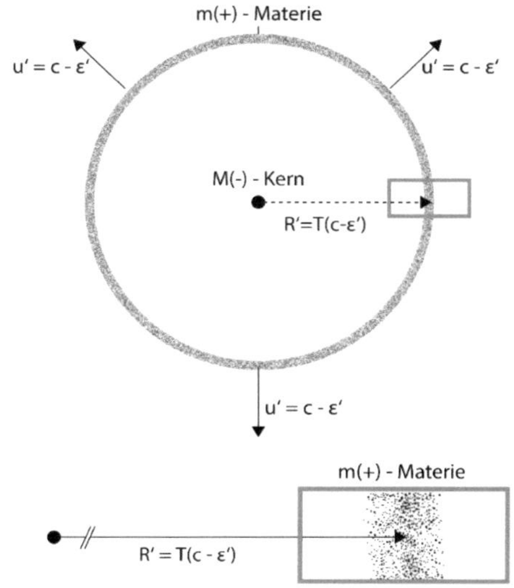


***Abb.1 Der expandierende Kosmos***
*Die m(-) Materie hat sich nach dem Urknall im Zentrum des Kosmos als M(-)-Kern akkumuliert und bewirkt die kugelsymmetrische Ausbreitung der m(+) Materie , die aus baryonischer und Dunkler Materie besteht. Die zum Radius $R' = T\cdot(c - \bar{\varepsilon}'\cdot 10^{L})$ gehörende Ausbreitungsgeschwindigkeit $u' = c - \varepsilon' = (c - \bar{\varepsilon}'\cdot 10^{L})$ der m(+)-Materie-Teilchens ist nach der Übergangszeit T' konstant und sehr nahe der Lichtgeschwindigkeit. Dabei bedeutet T die seit dem Urknall vergangene Zeit und L=0 entspricht dem jeweils mittleren Wert. Die m(+) Materie hat sich in einer extrem dünnen kugelförmigen Schale der radialen Dichteverteilung $f(\varepsilon') = f(\bar{\varepsilon}'\cdot 10^{L})$ angesammelt.*

Eine interessante Größe ist die Verteilungsfunktion $f(\varepsilon') = f(\bar{\varepsilon}'\cdot 10^{L})$ der Materie um den Mittelwert $\bar{\varepsilon}'$. Die Funktion $f(\varepsilon')$ ist dabei ein Maß, welcher Teil der gesamten kugelsymmetrischen verteilten m(+)-Materie den Wert ε' besitzt. Aus dieser radialen Materieverteilung (siehe Beispiele in Abb.2) folgt mit einem Normierungsfaktor k

$$M = k\cdot\int f(\varepsilon')\,dL \qquad (9)$$

Durch $f(\varepsilon')$ ist nach Gl. 8c auch die Verteilungsfunktion für den Radius $f(R')$ festgelegt. $f(R')$ bedeutet hier die Dichte der Kugelschale beim Radius $R' = T\cdot(c - \bar{\varepsilon}'\cdot 10^{L})$.

Die Form der Verteilungsfunktion $f(\varepsilon')$ muss der Bedingung genügen, dass die Summe der zu den ε' gehörenden Energie-Anteilen die Gesamtenergie ergibt. Nach Gl. 6d ist die Gesamtenergie der m(+)-Materie gleich $M(+)\cdot\sqrt{c/2\bar{\varepsilon}'}$. Materienanteile $f(\bar{\varepsilon}'\cdot 10^{-L})\cdot dL$ mit höherer Energie müssen durch Materienanteile $f(\bar{\varepsilon}'\cdot 10^{L})\cdot dL$ mit niedrigerer Energie kompensiert werden, derart dass die Gesamtenergie unverändert bleibt. Diese Bedingung wird z. B. durch folgende Festlegung erfüllt

$$f(\bar{\varepsilon}'\cdot 10^{-L})\cdot\sqrt{c/2\,\bar{\varepsilon}'\cdot 10^{-L}} = f(\bar{\varepsilon}'\cdot 10^{+L})\cdot\sqrt{c/2\,\bar{\varepsilon}'\cdot 10^{+L}}$$

$$f(\bar{\varepsilon}' \cdot 10^{-L}) = f(\bar{\varepsilon}' \cdot 10^{+L}) \cdot 10^{-L} \qquad (10)$$

Mit dieser Festlegung ist die Energie aller Teilchen mit $\bar{\varepsilon}' \cdot 10^{-L}$ gleich groß wie die Energie aller Teilchen mit $\bar{\varepsilon}' \cdot 10^{+L}$. Es ergibt sich notwendigerweise eine unsymmetrische Verteilungsfunktion mit der Randbedingung, dass bei geeigneter Normierung die Integration der Verteilungsfunktion die Gesamtmasse ergibt

$$\int_{-L_1}^{0} f(\bar{\varepsilon}' \cdot 10^{-L}) \cdot 10^{-|L|} \cdot dL + \int_{0}^{+L_2} f(\bar{\varepsilon}' \cdot 10^{L}) \cdot dL = M \qquad (11)$$

Die Integrationsgrenzen $L_1$ und $L_2$ geben den radialen Bereich an, in dem die Materie verteilt ist. Mit der plausiblen Annahme, dass der mittlere Wert $\bar{\varepsilon}'$ der Avol auch der häufigste Wert ist kann $f(\bar{\varepsilon}' \cdot 10^{L})$ approximiert werden

$$f(\bar{\varepsilon}' \cdot 10^{L}) = b \cdot e^{-a \cdot L^2} \qquad \text{für} \quad L \geq 0 \qquad (12a)$$

dabei ist a ein Parameter, der beschreibt, wie stark $f(\varepsilon')$ mit L abnimmt. Mit Gl.10 ergibt sich für negative L

$$f(\varepsilon') = b \cdot e^{-a \cdot L^2} \cdot 10^{-|L|} \qquad \text{für} \quad L \leq 0 \qquad (12b)$$

Der noch von a abhängige Parameter b ist so festzulegen, dass die Bedingung Gl. 11 erfüllt ist. Abb. 2 zeigt Beispiele möglicher Dichteverteilungen für verschiedene Werte des Parameters a. Dabei wurde a so festgelegt, dass bei den jeweils gewählten Werten L = 2, 1 und 0,5 die Dichte bei dem Wert $\bar{\varepsilon}' \cdot 10^{L}$ auf das 0,01-fache des Wertes von $f(\bar{\varepsilon}')$ gefallen ist, also vernachlässigbar gering ist. Der Parameter b wurde näherungsweise mit $\sqrt[2]{a}$ angenommen.

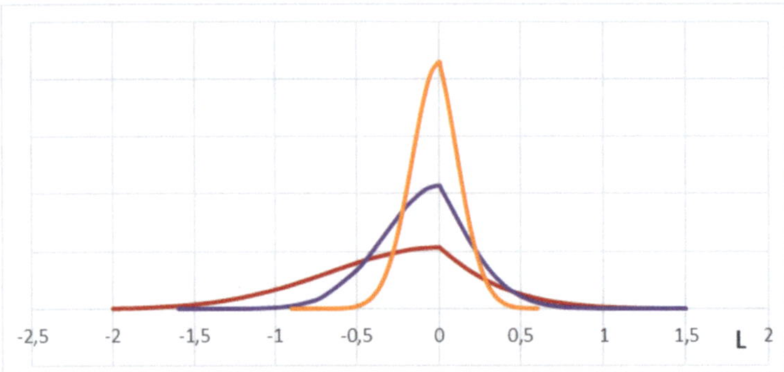


$f(\varepsilon') = f(\bar{\varepsilon}' \cdot 10^{L})$
$f(u') = f(c - \bar{\varepsilon}' \cdot 10^{L})$
$f(R') = f(T \cdot (c - \bar{\varepsilon}' \cdot 10^{L}))$

**Abb. 2 *Beispiele von möglichen Dichteverteilungen***
*In den dargestellten Beispielen wurden verschiedene Dichteverteilungen $f(\varepsilon')$ mit Hilfe der Gl.12 durch Variation des Parameters a simuliert. Dabei wurde a so festgelegt, dass die Dichte $f(\varepsilon') = f(\bar{\varepsilon}' \cdot 10^{L})$ bei jeweils L = 2, 1 und 0,5 auf 1% des Wertes bei L=0 gefallen ist. Der Zusammenhang zwischen $\varepsilon'$ und $R'$ folgt aus den Beziehungen $u' = c - \varepsilon'$ und $R' = u' \cdot T$*

Im Bezugssystem eines Punktes E ("Erde") in der m(+)-Materienschale stellt sich der Kosmos völlig anders dar. Diese Sichtweise wird in dieser Arbeit der beobachtbare Kosmos bzw. das Universum genannt (Kap.6).

## 5.4 Summe der im Kosmos auftretenden Kräfte

Heute wird die gesamte im Kosmos enthaltenen Energie wie folgt aufgeteilt [(6)]:

| Normale Materie | : | Dunkle Materie | : | Dunkle Energie | |
|---|---|---|---|---|---|
| 4,9 | | 26,8 | | 68,3 | jeweils in % |

Im Folgenden werden im Rahmen des Kosmosmodells dieser Arbeit die Energieanteile im Kosmos analysiert. Das Kosmosmodell dieser Arbeit basiert ganz wesentlich auf den potentiellen Energien der m(-)- und m(+)-Materie. Insofern ist die Analyse hinsichtlich der potentiellen Energie (dabei handelt es sich stets um Potentialdifferenzen zu Unendlich) recht einfach und direkt. Hinsichtlich der kinetischen Energie sind im Allgemeinen keine unmittelbaren Angaben möglich, bis auf den Urraum, in dem diese Null ist.

Die insgesamt im Urraum von m(+) und m(-)-Materie zu sich selbst und zu einander bestehenden Graviationspotentiale sind leicht zu berechnen (siehe Anhang 1). Dabei wird die gesamte baryonische Materie mit M bezeichnet, nach Kap. 3.5 gilt M(+) = M(-) und für das Verhältnis von Dunkler Materie (DM ) und normaler Materie (bM) wird der aus den Beobachtungen abgeleitete Faktor k =5,5 übernommen. Damit ergibt sich für die jeweiligen potentiellen Energien:

bM mit m(+): $E_{pot}\,(bM,M(+)) = -\frac{3}{5}\cdot\frac{G}{b}\cdot M\cdot(k+1)\cdot M = -Z$

DM mit m(+): $E_{pot}\,(DM,M(+)) = -\frac{3}{5}\cdot\frac{G}{b}\cdot k\cdot M\cdot(k+1)\cdot M = -k\cdot Z$

m(+) mit m(-) sowie
m(-) mit m(+): $E_{pot}\,(M(+),M(-))+E_{pot}\,(M(-),M(+)) = \frac{6}{5}\cdot\frac{G}{b}\cdot M\cdot(k+1)\cdot M\cdot(k+1) = 2(k+1)\cdot Z$

m(-) mit m(-) : $E_{pot}\,(M(-),M(-)) = -\frac{3}{5}\cdot\frac{G}{b}\cdot(k+1)\cdot M\cdot(k+1)\cdot M = -(k+1)\cdot Z$

Daraus ergibt sich folgendes Verhältnis der Gesamtenergien (da die kinetische Energie im Urraum Null ist)

| | Normale Materie | : | Dunkle Materie | : | Dunkle Energie |
|---|---|---|---|---|---|
| | - Z | | - k·Z | | 2 (k+1) ·Z |
| | - 1/(k+1) | | - k/(k+1) | | 2 |
| | - 0,154 | | - 0,846 | | 2 |
| mit k=5,5 | **-5,13** | | **- 28,2** | | **66,7** |

In der letzten Zeile wurde zur besseren Vergleichbarkeit die Summe der Absolutbeträge mit 100 normiert. Es zeigt sich eine erstaunliche Übereinstimmung mit den genannten Werten[6]. Das Potential der Dunklen Energie aus Anziehung zu sich selbst $E_{pot}$ (M(-), M(-)) bleibt unberücksichtigt, da nur die Auswirkungen auf DM und bM betrachtet werden. Es ist insofern wichtig, da die gesamte Energie Null sein muss. Ein Unterschied ist noch zu erwähnen. Die Energie der normalen und Dunklen Materie ist hier negativ, da es sich um ein anziehendes Potential handelt. Der Einfluss der Dunklen Energie bewirkt die Abstoßung und ist daher positiv.

Im expandierenden Kosmos hängen die Potentiale von der Ausdehnung des Kosmos und von de Verteilung der Materie ab. Es ist deshalb aufschlussreicher die insgesamt auf die Materiensorten bM, DM von m(+) und m(-)-Materie wirkenden Kräfte zu vergleichen, in unten stehender Auflistung mit K(bM), K(DM) und K(DE) angegeben. Die Kräfte ergeben sich direkt durch radiale Differenzierung der jeweiligen Potentiale. Das Verhältnis der Kräfte entspricht deshalb dem Verhältnis der Potentiale.

Für die Potentiale im heutigen Kosmos (Abschnitt 5.3) werden zwei Situationen betrachtet zum einen eine isotrope Verteilung der m(+) Materie (Potentiale gem. Anhang 1 Gl. 9) innerhalb des Radius R des Kosmos und zum anderen, dass sich die gesamte m(+)- Materie in einem „Kugelrand" mit dem Radius R befindet (Potentiale gem. Anhang 1 Gl.10 und 11). In analoger Vorgehensweise wie oben ergibt sich

| | Normale Materie: K(bM) | Dunkle Materie: K(DM) | Dunkle Energie K(DE) | |
|---|---|---|---|---|
| isotrope m(+)-Verteilung | - 4,4 | - 24,2 | 71,4 | in % |
| m(+)-Verteilung am „Rand" | -5,13 | - 28,2 | 66,7 | in% |

Auch hier ist die Übereinstimmung der Werte ausgezeichnet, vor allem wenn man berücksichtigt, dass die tatsächliche Verteilung zwischen einer isotropen und der Randverteilung liegt, wenn auch wohl deutlich näher an der Randverteilung. Im expandierenden Kosmos ist jedoch ein Vergleich der Potentiale nicht befriedigend, da die kinetische Energie nicht berücksichtigt wird.

Das Verhältnis der potentiellen Energien ist wie das Verhältnis der auf die Materiensorten insgesamt wirkenden Kräfte nahezu invariant zum Radius des Kosmos. Die absolute Größe nimmt jedoch mit dem Radius ab.

Trotz des bis heute stark abgenommenen Potentials ist die erstaunliche Tatsache festzuhalten, dass die potentielle Energie der normalen Materie im heutigen Kosmos immer noch etwa das Dreifache des Einstein'schen Energieäquivalenz der gesamten im Kosmos enthaltenen normalen Materie beträgt.

# 6. Beobachtbares Universum

## 6.1 Zur Struktur des beobachtbaren Universums

Im Bezugssystem des Urpunktes haben sich nach der Übergangszeit T', entsprechend etwa der 10000 fachen Ausdehnung des Radius des Urraums für die m(+)-Massepunkte konstante Geschwindigkeiten herausgebildet. Zu einem späteren Zeitpunkt $T_0$, der sehr groß gegen T' sei, ist dann der Abstand d' zweier Punkte , die sich mit der Geschwindigkeit u' voneinander entfernen

$$d' = u' \cdot (T_0 - T') \approx u' \cdot T_0$$

Im Bezugssystem des Urpunktes liegen zum Zeitpunkt $T_0$ für zwei Punkte die gegenseitige Geschwindigkeit und der daraus sich ergebende Abstand mit hoher Genauigkeit fest.

Ein nach dem Urknall im Kosmos lebender Beobachter befinde sich gemäß dem Kosmosmodell dieser Arbeit in der m(+)-Materienschale in einem Punkt E ("Erde"), der sich je nach seiner Position vom Urpunkt mit einer wohldefinierten Geschwindigkeit v'

$$v' = c - \varepsilon'_0 = \text{const.}$$

aus dem möglichen Bereich

$$c - 0{,}68 \cdot (b^2/n^2) \cdot 10^{-11+L} < v' < c - 0{,}68 \cdot (b^2/n^2) \cdot 10^{-11-L} \quad (1)$$

fortbewegt (Kap.5.3 Gl. 8). Dieser Beobachter wird den Kosmos deutlich anders wahrnehmen als der hypothetische Beobachter im Urpunkt. Die Geschwindigkeiten im Urpunktsystem sind dazu auf das Bezugssystem des Punktes E zu übertragen. Wegen der hohen Geschwindigkeiten muss für diese Transformation die relativistische Geschwindigkeitsaddition verwendet werden. Wie in Kap. 5.3 nachgewiesen, ist die Geschwindigkeit v' zum Urpunkt konstant, so dass diese Transformation nach der Speziellen Relativitätstheorie vorgenommen werden kann. Beide Systeme sind durch die Lorentztransformation mit der konstanten Relativgeschwindigkeit v = -v' miteinander verknüpft. Da die Lorentztransformation linear ist, geht jede lineare Beziehung zwischen x', y', z' und t' des Urpunktsystems in eine lineare Beziehung x, y, z und t des E-Punkt - Systems über. Folglich ist jede geradlinige Bewegung in einem Bezugssystem eine ebensolche im anderen und es werden in einem Bezugssystem gleiche Strecken in gleichen Zeiten zurückgelegt, sofern dies im anderen der Fall ist. Ferner, wenn in einem System der Abstand eines Punktes $S_1$ zu einem Punkt E kleiner ist als der Abstand eines anderen Punktes $S_2$ zu E so ist dies auch im anderen System der Fall.

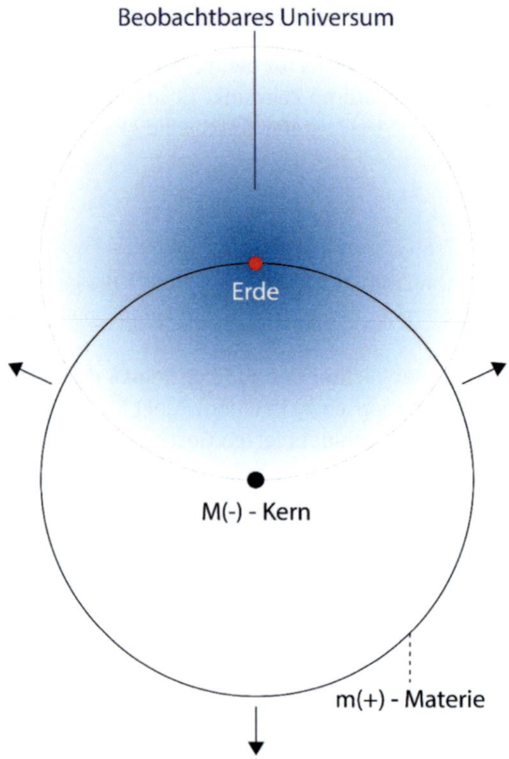


**Abb. 3** ***Das beobachtbare Universum*.**
*Die Erde ist ein Punkt in der kugelsymme trisch um den M(-)-Kern expandierenden m(+)-Materienschale. Im Bezugssystem der Erde ergeben sich die Abstände anderer m(+)-Materien-Punkte und deren Geschwindigkeiten zu ihr aus der relativistischen Addition der in der Schale herrschenden Geschwindigkeiten bezüglich des Bezugssystem des M(-)-Kerns („Urpunkt") . Damit entspricht der blau gefärbte Bereich dem von der Erde aus, beobachtbaren Bereich des Kosmos, der rotationssymmetrisch zur Achse Urpunkt - Erde ist („Beobachtbares Universum") .*

Der Punkt S sei ein beliebiger Punkt in der m(+)-Schale mit der radialen Flieh-Geschwindigkeit u' zum Urpunkt U von $u' = c - \varepsilon'$

Der Winkel zwischen der Geraden U-E und der Geraden U-S sei $\vartheta'$ (mit Strich „' " sind die Geschwindigkeiten und sonstige Daten im Urpunktsystem gekennzeichnet).

Im Bezugssystem des Urpunktes kann die radiale Geschwindigkeit eines beliebigen Punktes S zum Punkt E durch folgendes Koordinatensystem beschrieben werden: der radialen Geraden vom Urpunkt U durch den Punkt E als x- Achse ( oder EU-Achse), sowie der dazu senkrechten Geraden durch den Punkt S als y-Achse. Die Geschwindigkeit des Punktes S kann dann in eine x- und y- Komponente zerlegt werden. Dabei ist die y-Komponente rotationssymmetrisch. Sie hängt nur vom Winkel ϑ' und nicht vom Drehwinkel φ um die EU-Achse ab.

In diesem Koordinatensystem kann der Punkt S durch folgende Geschwindigkeits-Komponenten beschrieben werden, wobei stets gilt $\varepsilon'_x \geq \varepsilon'$.

$$u'_x = (c - \varepsilon') \cdot \cos\vartheta' = c - c \cdot \vartheta'/2 - \varepsilon' + \varepsilon' \cdot \vartheta'/2 \qquad = c - \varepsilon'_x$$

$$u'_y = (c - \varepsilon') \cdot \sin\vartheta' = \sqrt{(c-\varepsilon')^2 - (c-\varepsilon'_x)^2} = \sqrt{2c(\varepsilon'_x - \varepsilon')}$$

Im Bezugssystem des Punktes E ergibt sich daraus durch relativistische Addition der Geschwindigkeiten in sehr guter Näherung

$$u_x = \frac{(u'_x - v)}{(1 - u'_x \cdot v/c^2)}$$

$$u_x = \frac{c \cdot (\varepsilon'_0 - \varepsilon'_x)}{(\varepsilon'_0 + \varepsilon'_x)} \qquad (2a)$$

und

$$u_y = (c - \varepsilon') \cdot \sin\vartheta' \cdot \frac{\sqrt{(1 - v^2/c^2}}{(1 - u'_x \cdot v/c^2)}$$

$$u_y = \sqrt{(2c(\varepsilon'_x - \varepsilon')} \cdot \frac{c \cdot \sqrt{2 \cdot \varepsilon'_0/c}}{(\varepsilon'_0 + \varepsilon'_x)}$$

$$u_y = 2c\,\frac{\sqrt{(\varepsilon'_x - \varepsilon') \cdot \varepsilon'_0}}{(\varepsilon'_0 + \varepsilon'_x)} \qquad (2b)$$

Daraus folgt für die Geschwindigkeit u

$$u = c \cdot \sqrt{\frac{1 - (4\varepsilon' \cdot \varepsilon_0')}{(\varepsilon'^0 + \varepsilon'_x)^2}} \qquad (2c)$$

Obige Formeln 2a, 2b und 2c beschreiben die Transformation der konstanten Geschwindigkeit u' eines Punktes S vom Bezugssystem des Urpunktes in die ebenfalls konstante Geschwindigkeit u im Bezugssystem des Punktes E.

Die Gesamtheit der möglichen Punkte S im Bezugssystem der Erde E ergibt sich durch Variation aller möglichen Avol $\varepsilon'$ und $\varepsilon'_x$ in einem Bereich, der in Bezug auf die Avol $\varepsilon'_0$ der Erde zu definieren ist unter Berücksichtigung des Parameters L und der Verteilungsfunktion $f(\varepsilon')$ . Da die Geschwindigkeit eines Punkte S in beiden

Bezugssystemen konstant ist, und da die Übergangszeit T‘ verschwindend klein gegenüber der heute seit dem Urknall vergangenen Zeit $T_0$ ist, ist mit der Geschwindigkeit auch der heutige Abstand D der Punkte S zur Erde festgelegt (siehe auch Beschreibung Kap.6.2)

$$D = u \cdot (T_0 - T') = u \cdot T_0$$

Für die Gesamtheit der von der Erde aus beobachtbaren Punkte S in der m(+)-Materienschale ergibt sich das in Abb.3 schematisch dargestellte Konzept des von der Erde aus beobachtbaren Universums. Der Beobachter könnte den Eindruck haben, er befinde sich im Zentrum des Universums, da sich sämtliche Sterne von ihm fortbewegen, je weiter von ihm entfernt, desto schneller. Ein vergleichbares Bild würde sich für einen Beobachter auf einem beliebigen anderen Punkt E‘ in der m(+)-Materienschale ergeben.

Grundsätzlich ist festzustellen, dass diese relativistischen Transformationen in das Bezugssystem der Erde durch die hohen Geschwindigkeiten, sämtlich sehr nahe der Lichtgeschwindigkeit, geprägt sind. Hier bewährt sich die Einführung der Größe Avol (**A**bweichung **vo**n der **L**ichtgeschwindigkeit), wie durch die Einfachheit der Transformationsformeln Gl. 2a, 2b und 2c gesehen werden kann. Das Auftreten der sehr hohen durch Avol beschriebenen Geschwindigkeiten ist ein wesentliches Merkmal des Kosmosmodells dieser Arbeit.

Die radiale Materieverteilung in der Schale des expandierenden Kosmos wurde in Kap. 5.3 behandelt (siehe Abb. 1). Die Erde ist notwendigerweise ein Bestandteil dieser Schale. Als einfaches Beispiel werde angenommen, die Erde liege im mittleren Teil einer eher flachen Materieverteilung, also etwa an der Position $E_0$ oder $E_1$ in Abb.4.

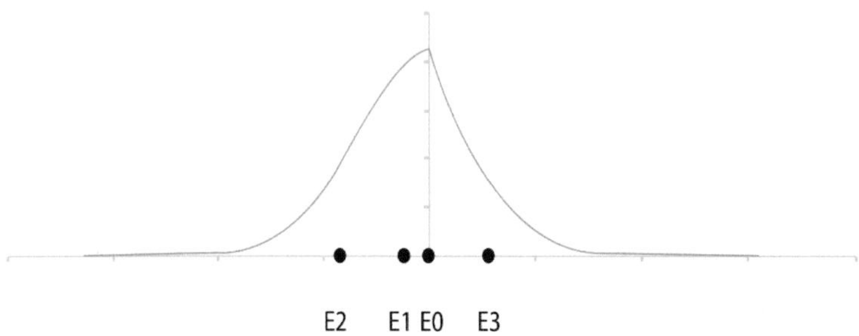


**Abb. 4** ***Mögliche Positionen der Erde***
*Mögliche Positionen der Erde in der m(+)-Materienschale des expandierenden Kosmos. Da durch die Erde die x-Achse, d.h. radiale Achse vom Urpunkt U zur Erde „EU-Achse“, definiert wird, kommen nur Punkte auf der x-Achse in Frage, z.B. die Punkte $E_1$, $E_2$, $E_3$ und $E_0$.*

Der, von der Erde aus, beobachtbare Bereich des Kosmos hängt vor allem von der radialen Dicke und Form der Materienverteilung in der m(+)-Schale (Parameter L und a, Kap 5 Gl.12 sowie Abb.2) und der radialen Position der Erde (Abb.4) in dieser Schale ab. Ein Beispiel ist in Abb.5 dargestellt. Der Beobachter auf der Erde würde bei dieser Verteilung um sich herum in allen Richtungen andere Sterne wahrnehmen, die sich von ihm wegbewegen. Wenn er sehr gute Geräte besäße würde er in fast allen Richtungen Sterne in Entfernungen bis nahe 13,8 Mrd. Lj erkennen können.

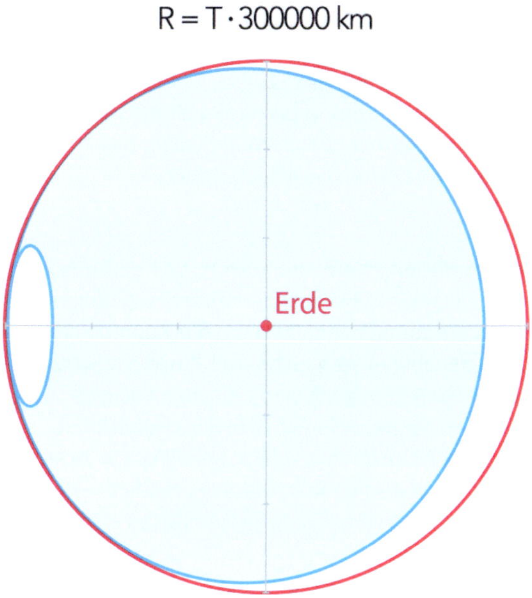


***Abb. 5 Beobachtbares Universum***
*Beispiel für das von der Erde aus (Punkt $E_O$ in Abb. 4) bei $L_O = 1$ beobachtbare Universum. Der beobachtbare Bereich ist blau gefärbt. Der rote Kreis definiert den theoretisch maximal beobachtbaren Bereich mit dem Radius von $13{,}8 \cdot 10^9$ Lichtjahren*

Die Transformation Gl. 2a und 2b liefert noch keine Aussage über die Dichteverteilung der Materie im vom Punkt E aus beobachtbarem Universum. Sie ist lediglich die Vorschrift wie der dünne schalenförmige „Randbereich" des expandierenden m(+)-Schale auf das Bezugssystem des Punktes E übertragen wird. Insgesamt scheint diese Transformation für den Beobachter in E ein Bild des Universums zu liefern, das in etwa dem gleicht, wie es von der Erde aus tatsächlich beobachtet wird. Aussagen zur Dichteverteilung siehe Kap. 6.3.

Weiter bleibt bei dieser Transformation die Geschwindigkeits-Richtung längs der x-Achse (also der EU-Achse) wegen $\varepsilon'_x = \varepsilon'$ (siehe obige Gl.2b) für alle Punkte auf dieser Achse erhalten; die x-Achse ist in beiden Systemen identisch. Massepunkte auf der x-Achse befinden sich nach der Transformation ebenfalls wieder auf der x-Achse, wenn auch die Entfernungen zwischen ihnen sehr stark gestreckt sind. Die Materiendichte nach der Transformation wird damit mit zunehmendem Abstand stark abnehmen.

Massenpunkte mit Geschwindigkeiten in der Ebene senkrecht dazu, der Tangentialebene an der Materienschale am Punkt E, verbleiben wegen $\varepsilon'_x = \varepsilon'_O$ (siehe Gl.2a) bei der Transformation ebenfalls in dieser Ebene. Auch diese Ebene ist damit in beiden Systemen identisch. Da die Tangentialebene in der Nähe des Punktes E durchgängig mit Materie belegt ist, wird diese Ebene auch nach der Transformation eine deutlich höhere Materiendichte aufweisen als längs der EU-Achse. Dies deutet schon auf eine eher scheibenförmige Materie-Verteilung hin

In den folgenden Abschnitten dieses Kapitels werden weitere Eigenschaften dieser Transformation genauer untersucht.

In dem Kosmos-Modell dieser Arbeit ergibt sich das beobachtbare Universum aus der Transformation des Kosmos vom Bezugssystem des Urpunktes in das Bezugssystem der Erde. Beide Bezugssysteme bilden die Wirklichkeit ab. Es erscheint aber sinnvoll den Begriff Kosmos für die Wahrnehmung des Weltalls aus Sicht eines hypothetischen Beobachter im Urpunkt zu verwenden, und den Begriff Universum für die Wahrnehmung des Weltalls von einem Beobachter auf der Erde, der ja nur relative Geschwindigkeiten zu ihm und Teile des Kosmos beobachten kann. Der Autor schlägt deshalb vor, das in dieser Arbeit entwickelte Modell des Kosmos "Duales Modell des Kosmos" zu nennen, da die Wirklichkeit des von der Erde aus beobachtbaren Universums aus der relativistischen Geschwindigkeits-Transformation des Kosmos erfolgt.

Die Erde ist ein beliebiger Punkt E in der m(+)-Materienschale. Wo auch immer der Punkt E liegt, kann die x-Achse als Achse Erde-Urpunkt (abgekürzt EU-Achse) definiert werden, mit den zu dieser Achse rotationssymmetrischen Entfernungen von Punkten der Kugelschale zu ihm. Ein hypothetischer Beobachter auf einem beliebigen vergleichbaren Punkt S („Stern“) der Materienschale würde grundsätzlich die gleichen Beobachtungen machen wie der Beobachter auf der Erde. Dies liegt daran, dass im Kosmos die Achse Stern-Urpunkt bezüglich aller Beobachtungen im für ihn sichtbaren Universum gleichwertig ist zur Achse Erde-Urpunkt. Die Position eines beliebigen Sterns ist also im Kosmos grundsätzlich gleichwertig zur Position der Erde.

## 6.2 Entfernungen

Nach Kap. 5.3 bleiben im Urpunktsystem spätestens ab der Übergangszeit von $T' \approx 10^4 \cdot b$ Jahren (also etwa 10 Jahre bei einem Radius des Urraums von $b = 10^{-3}$ Lj) die Avol $\varepsilon'$ und damit die exakten Geschwindigkeiten $u' = c - \varepsilon'$ unverändert. Danach bleibt auch bei weiter fortschreitender Zeit Richtung und Betrag der Geschwindigkeit u' zwischen einem beliebigen Punkt S zum Punkt E gleich, da diese nur von den nun konstanten Avol $\varepsilon'$, $\varepsilon_0'$ und $\varepsilon'_x$ abhängen.

Mit Hilfe der Gleichungen 2a, 2b und 2c von Kap. 6.1 wird der ab der Übergangszeit T' konstante Geschwindigkeits-Vektor u' in einen (im transformierten System) ebenfalls konstanten Geschwindigkeits-Vektor u abgebildet, der die Fliehgeschwindigkeit des Punktes S zum ruhenden Bezugspunkt E beschreibt. Hier ist der Abstand zwischen zwei Punkten ebenfalls proportional zur seit dem Urknall vergangenen Zeit, mit $T_2, T_1 \gg T'$. Also

$$D_2/D_1 = T_2/T_1 \qquad (1)$$

Dabei ist $D_1$ der Abstand zum Zeitpunkt $T_1$ und $D_2$ den Abstand zum Zeitpunkt $T_2$ (immer unter der Voraussetzung , dass der Abstand der Punkte E und S zum Zeitpunkt T' vernachlässigbar klein zu den Zeitpunkten $T_2$ und $T_1$ ist).

Für jedes Signal, das von S mit der Geschwindigkeit u zur Zeit $T_1$ im Abstand $D_1$ zu E ausgesandt wird gilt, wobei $D_2$ der Abstand nach Ankunft des Signals zum Zeitpunkt $T_2$ ist

$$D_1/c = (D_2 - D_1)/u \tag{2}$$

Gl. 2 berücksichtigt, dass sich der Punkt S von Aussendung bis Ankunft des Signals weiter vom Punkt E entfernt. Da das (Licht-) Signal voraussetzungsgemäß zum Zeitpunkt $T_1$ abgesandt wurde und zum Zeitpunkt $T_2$ ankommt, gilt

$$D_1 = (T_2 - T_1) \cdot c$$

und mit Gl. 2

$$(T_2 - T_1) \cdot u = D_2 - D_1$$

Und unter Berücksichtigung von Gl. 1

$$T_2 \cdot u \cdot (1 - D_1/D_2) = D_2 - D_1$$

$$T_2 \cdot u \cdot (D_2 - D_1)/D_2) = D_2 - D_1$$

$$T_2 \cdot u = D_2$$

Wird der Zeitpunkt $T_2$ als die heutige seit dem Urknall vergangene Zeit $T_0$ festgelegt dann gilt für den heutigen Abstand D zweier Punkte

$$D = T_0 \cdot u \tag{3}$$

Damit kann aus der gemessenen Geschwindigkeit u zwischen den Punkten S und E der heutige Abstand D zwischen den beiden Punkten bestimmt werden.

Es kann natürlich sein, dass der Stern mit der Fliehgeschwindigkeit u das Signal schon früher ausgesandt hat. Dann wäre es schon vor der heutigen Zeit $T_0$ bei E angekommen. Oder das Signal wurde so spät ausgesandt, dass es noch unterwegs ist. Die Erfüllung von Gl. 3 ist die Bedingung, dass es genau heute ankommt.

Der Abstand $D_1$ zum Zeitpunkt der Aussendung des heute ankommenden Signals ergibt sich nach Gl.2 zu

$$D_1/c = (D - D_1)/u$$

$$D_1/c + D_1/u = D/u$$

$$D_1 = D \cdot c/(c+u)$$

$$D_1 = T_0 \cdot u \cdot c/(u+c)$$

Es erscheint zunächst erstaunlich, dass der Abstand $D_1$ bei hohen Geschwindigkeiten nahe c mindestens $1/2 \cdot 13{,}8 \cdot 10^9$ Lichtjahre beträgt. Dies liegt daran, dass es sich um ein heute bei E ankommendes Signal handeln muss. Wäre der Abstand zu E bei Aussendung kleiner würde das Signal schon in der Vergangenheit bei E angekommen sein, entgegen der Voraussetzung.

Zur Ermittlung des Zeitpunktes der Absendung des Signals ist zu berücksichtigen, dass sich im System des Urpunktes die Punkte E und S in der dünnen Randschale befinden , die mit der mittleren Geschwindigkeit $u' = c - \overline{\varepsilon}'$ vom Urpunkt expandiert, so dass die heutige Entfernung zum Urpunkt für alle Punkte der Randschale näherungsweise $T_0 \cdot ( c - \overline{\varepsilon}' )$ beträgt. Von welchem Punkt der Randschale das Signal zum Zeitpunkt $T_1 < T_0$ auch immer ausgesandt worden war, es befand sich wegen $T_1 \cdot ( c - \overline{\varepsilon}' )$ näher am Urpunkt und liefert deshalb eine Information aus einer um $(T_0 - T_1)$ früheren Zeit.

Im System von E sei s der Abstand zwischen S und dem Urpunkt U bei Absendung des Signals zum Zeitpunkt $T_1$. Aufgrund der im Vergleich zu $T_1$ kleinen Übergangszeit $T' \ll T_1$ gilt,

$$T_1 - T' \approx T_1 \qquad (4)$$

Andererseits ist der Abstand der Erde vom Sender bei Aussendung des Signals $D_1$. Somit gilt für den Abstand s der Randschale und der darin enthaltenen Punkte zum Urpunkt

$$s = T_1 \cdot c - D_1$$

$$s = T_1 \cdot c - T_0 \cdot u \cdot c / (u + c)$$

und mit Gl. 1 $\quad D_1/D = T_1/T_0$

$$s = T_0 \cdot c \cdot D_1/D - T_0 \cdot u \cdot c / (u + c)$$

$$s = T_0 \cdot c^2/(u + c) - T_0 \cdot u \cdot c / (u + c)$$

$$s = T_0 \cdot c\,(c/(u + c) - u / (u + c))$$

$$s = T_0 \cdot c\,(c - u) / (u + c)) \qquad (5)$$

Daraus resultiert für die seit dem Urknall vergangene Zeit $T_1$ bei Absendung des Signals (noch immer im Bezugssystem E)

$$T_1 = T_0 \cdot (c - u) / (c + u) \qquad (6)$$

In dieser Arbeit werden nur die durch den Urknall verursachten kinetischen Energien und Geschwindigkeiten betrachtet. Diese stellen ein systematisches Grundmuster im beobachtbaren Universum mit zum Teil sehr großen auftretenden Geschwindigkeiten dar. Durch spätere Zusammenballung von Teilen der m(+)-Materie und den dann ins Spiel kommenden Kräften, insbesondere starke, schwache und elektromagentische Wechselwirkung und nachfolgender gravitativer Wechselwirkungen kann die aus dem Urknall herrührende Grundstruktur insbesondere bei kleinen Geschwindigkeiten bis zur Unkenntlichkeit überlagert werden.

## 6.3 Topologie des beobachtbaren Universums

Aufgrund der Lorentztransformation liegt im heute, also dem Teitpunkt $T_0$ beobachtbaren Universum ab der Übergangszeit T' nach dem Urknall wegen $T_0 \gg T'$ Euklidische Geometrie vor. Seine Topologie ergibt sich aus der relativistischen Geschwindigkeits-Transformation des expandierenden Kosmos in das Bezugssystem der Erde. Wegen $D = u \cdot T_0$ folgt daraus direkt die heutige Verteilung der Materie in diesem System.

Bereits durch einfache Überlegungen wurde weiter oben festgestellt, dass das beobachtbare Universum rotationssymmetrisch zur EU-Achse ist und eine eher scheibenförmige Gestalt besitzt.

Zur genaueren Beurteilung werde die Dichteverteilung durch $f(\varepsilon') = b \cdot e^{-aL^2}$ approximiert, dabei ist der Parameter a ein Maß für die Dicke der m(+)-Schale. Je kleiner a desto dicker die Schale und flacher die Dichteverteilung (siehe Abb. 2). Zum besseren Verständnis ist es nützlich einen Grenzwert $L_0$ zu definieren, bei dem die Dichtefunktion $f(\varepsilon')$ an der Stelle $L_0$ vernachlässigbar klein wird. In den Beispielen dieser Arbeit wurde der Grenzwert $L_0$ willkürlich so festgelegt, dass die Dichte ab $L_0$ kleiner als 1% der Dichte bei f(0) ist.

Für diese Grenzwerte wurden die Materieverteilungen bestimmt und in Abb. 6 dargestellt, wobei der Punkt E wieder auf der x- Achse liegt und sein Avol $\varepsilon_0'$ gleich dem mittleren Avol $\bar{\varepsilon}'$ sein soll. Je flacher die Dichteverteilung $f(\varepsilon')$ ist, also je dicker die Schale, eine umso weitreichendere und gleichmäßigere Verteilung der Materie im beobachtbaren Universum ergibt sich. Schon bei $L_0=1{,}5$ ist fast das gesamte Universum bis hin zu Entfernungen von fast $13{,}8 \cdot 10^9$ Lj mit Sternen besetzt, die prinzipiell vom Punkt E aus beobachtet werden können. Bei $L_0 = 0{,}3$ und kleiner wäre für den Beobachter im Punkt E der mit Sternen besetzte Raum des Universums deutlich kleiner. Je kleiner $L_0$, desto dichter und ungleichmäßiger die Dichteverteilung. Je größer dagegen $L_0$, desto weiträumiger ist die Materie im beobachtbaren Universum verteilt.

.

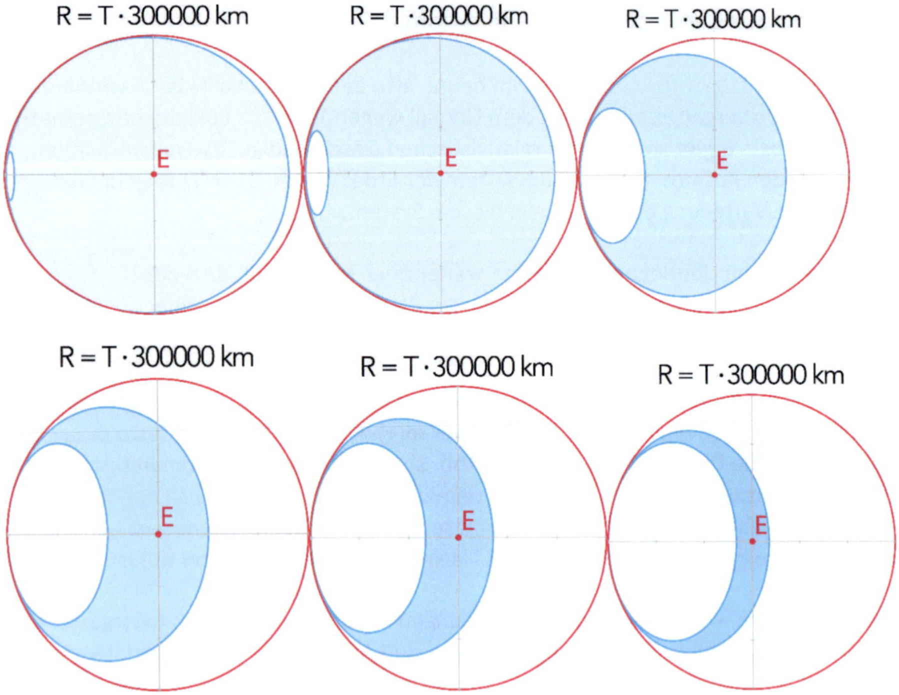


***Abb. 6 Beispiele für Materieverteilungen***
*In diesen Beispielen wird unterstellt, dass die gesamte Materie im Bereich von f(0) bis f($\pm L_o$) enthalten ist, wobei $L_o$ von 1,5 , 1 , 0,5 , 0,3 , 0,2 und 0,1 variiert (von links oben nach rechts unten). Der beobachtbare Bereich ist wieder blau gefäbt, dabei entspricht die Intensität der Färbung der Materiendichte. Je kleiner $L_o$ desto dichter und ungleichmäßiger ist die Materieverteilung, welche rotationssymmetrisch zur (im Bilde horizontalen) x-Achse ist*

Als ein mögliches Szenario werde die Verteilung der Materie mit $L_o$= 1 als Basis genommen. Wie in Abb. 6 dargelegt nimmt die Dichte von L=0 bis L = $|L_o|$ = 1 rasch mit zunehmenden $|L_o|$ ab. Dabei wird der jeweilige Dichtebereich durch eine Verteilung mit einem bestimmten Wert $L_o$ repräsentiert. Zur Abschätzung der Dichteverteilung insgesamt werden die zu zunehmenden Werten von $L_o$ gehörenden Verteilungen übereinandergelegt. Das Ergebnis ist in Abb.7 dargestellt. Die Dichteverteilung ist erkennbar nicht homogen. Sie nimmt mit der Entfernung ab und ist in der Ebene senkrecht zur EU-Achse mit dem Punkt E in der Mitte dichter. Die Materiendichte gleicht in etwa der eines einseitig gequetschten Fussballes. Würde für die Basis statt $L_o$=1 ein höherer Grenzwert genommen, so würde die Dichteverteilung ausgeglichener.

Die Beispiele in Abb.6 und 7 sollen lediglich veranschaulichen, wie die Dichteverteilung von der Verteilungsfunktion $f(\bar{\varepsilon}' \cdot 10^L)$ abhängt. Die Ermittlung der tatsächlicher Dichteverteilung im beobachtbaren Universum würde eine Kenntnis der Größe L und der Verteilungsfunktion $f(\bar{\varepsilon}' \cdot 10^L)$ erfordern und kann hier nicht versucht werden.

Es ist zu erwarten, dass die Materienverteilungen der Galaxien sich den Flächen höherer Dichte entsprechend Abb.7 anpassen, also selbst entsprechend flach sind. Je näher in der Mitte der Materienschale (also dunklerer Bereich in Abb. 7), desto ausgeprägter die Flachheit, entsprechend den Ebenen höherer Dichte. Je benachbarter die Galaxien desto weniger sollten die Galaxie- Ebenen sich im Winkel unterscheiden.

R = T · 300000 km

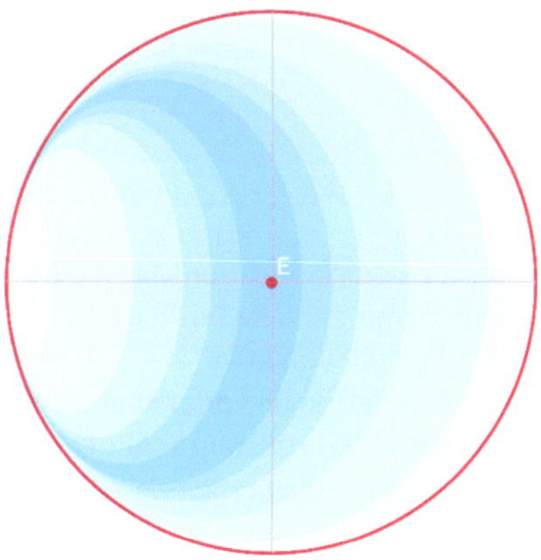


**Abb.** ***7 Beispiel einer Dichteverteilung.***

*Qualitative Darstellung einer möglichen Dichteverteilung für $L_o=\pm 1$ , die Avol $\varepsilon_o'$ der Erde ist gleich der mittleren Avol $\bar{\varepsilon}'$, entsprechend Position $E_o$ in Abb. 4. Zunehmende Dunkeltönung entspricht zunehmender Dichte. Es herrscht wieder Rotationssymmetrie zur (im Bilde horizontalen) EU-Achse. Je größer $L_o$ desto ausgeglichener die Dichteverteilung.*

Eine weitere Einflussgröße auf die Dichteverteilung ist die radiale Position des Punktes E in der Materienschale des expandierenden Kosmos. Siehe Punkte $E_1$, $E_2$, $E_3$ und $E_0$ in Abb.4. Die Rotationssymmetrie der Materieverteilung bleibt nach wie vor erhalten. Die Verteilung der Materie insgesamt verschiebt sich jedoch nach positiver (bei mehr innerer Position z.B. $E_1$ und $E_2$) bzw. negativer EU-Achse (bei mehr äußerer Position z. B. $E_3$). Wenn man die Dichtefunktion, die ja auch die Häufigkeit der Materieansammlung bedeutet, betrachtet ist aufgrund der Materieverteilung eine eher weiter innen liegende, also mittlere Position z.B $E_0$ und $E_1$ wahrscheinlicher. Bei den ziemlich extremen Positionen $E_2$ und $E_3$ müsste eine beobachtbare Asymmetrie (bezüglich der positiven zur negativen x-Achse) der Dichteverteilung auftreten. Unabhängig von der Position würde auch hier wieder eine ovale Dichteverteilung folgen, in der Form wieder eher vergleichbar eines gequetschten Balles.

Zur Verifizierung und zum möglichen Ausbau des Modells des Dualen Kosmos wäre es hilfreich die Verteilung der Materiendichte im beobachtbaren Universum von der Erde aus zu kartieren. Der Nachweis einer eher rotationssymmetrischen Dichteverteilung wäre ein weiteres starkes Indiz für die Richtigkeit des Modells. Allerdings müssten auch hier durch spätere Wechselwirkungen erfolgte Änderungen ausgeschlossen werden.

## 6.4 Reichweite von Licht und Gravitation

Die Gl. 3 von Abschnitt 6.2 zeigt, dass im Modell dieser Arbeit auf der Erde nur Signale von solchen Punkten empfangen werden können, die heute nicht weiter als 13,8 Mrd. Lichtjahre von der Erde entfernt sind.

Nach derzeitigem Wissen ist die Lichtgeschwindigkeit auch eine Grenze für die Ausbreitung der Gravitation, wofür auch die Relativitätstheorie gilt. Damit gelten auch die Gleichungen des Kap. 6.2 für die Ausbreitung von Gravitationsfeldern mit der Feststellung, dass zum heutigen Zeitpunkt kein Gravitationsfeld die Erde erreichen kann, deren Ausgangspunkt heute weiter als 13,8 Mrd. Lichtjahre von der Erde entfernt ist. Diese Feststellungen liegen auch dieser Arbeit zugrunde.

## 6.5 Kosmische Rotverschiebung

Im Kosmosmodell dieser Arbeit ist die durch den Urknall an die Materie übertragene kinetische Energie und die dadurch bedingte radiale Fliehgeschwindgkeit u' der Materie nach einer Übergangszeit T' zum Urknall konstant. Bei einem angenommenen Radius b des Kosmos von etwa $b = 10^{-3}$ Lj vor dem Urknall ist diese Übergangszeit von etwa $T' = 10^4 \cdot b$ Jahre (= Lj/c) sehr klein gegenüber der bis heute seit dem Urknall verstrichene Zeit $T_0$. Damit ist auch die Geschwindigkeit zwischen zwei Materiepunkten konstant und der Abstand zweier Materiepunkte hängt nur von der seit dem Urknall vergangenen Zeit ab. Je kleiner T' gegen $T_0$ ist, desto genauer diese Näherung.

Dies gilt auch nach Transformation, mittels relativistischer Addition der Geschwindigkeiten, in das Bezugssystem der Erde. Auch hier sind die Geschwindigkeiten u zweier Materiepunkte nach dem Zeitpunkt T' konstant und der heutige Abstand D dieser Punkte voneinander ist wegen $T' \ll T_0$

$$D = u \cdot (T_0 - T)' \;=\; u \cdot T_0 \qquad (1)$$

Damit ist im Kosmosmodell dieser Arbeit die Entfernung D eines Sterns zur Erde proportional zu dessen Fliehgeschwindigkeit u zu ihr.

Für das von einem Stern S mit der Fliehgeschwindigkeit u zur Erde ausgesandte und von einem Beobachter auf der Erde E empfangene Licht kommt es aufgrund des Dopplereffektes zu einer Rotverschiebung z

$$z = \Delta\lambda/\lambda' = \frac{\sqrt{c+u}}{\sqrt{c-u}} - 1 \qquad (2)$$

Dabei ist λ die beobachtete Wellenlänge und $\Delta\lambda = \lambda - \lambda'$ die Abweichung von der bekannten Spektral-Wellenlänge λ' (des Senders). Die gemessene Wellenlänge λ ist größer als λ', wenn u positiv ist, Sender und Beobachter sich einander entfernen.

Obige Gleichungen (1) und (2) sind im Modell des Dualen Kosmos die grundlegenden Beziehungen zur Bestimmung der Geschwindigkeit und des Abstandes entfernter Sterne zur Erde.

Aus z = Δλ/λ' kann die Fliehgeschwindigkeit u des Senders und aus u kann mit Hilfe obiger Gl.1 der Abstand zum Sender bei Empfang des Signals bestimmt werden. Die daraus berechnete Beziehung zwischen der mit dem Dopplereffekt berechneten Rotverschiebung und der Entfernung ferner Sterne ist in Abb.8 dargestellt. Wie aus Abb.8 ersichtlich, ist die Rotverschiebung z nur bei relativ geringen Abständen proportional oder fast proportional zum Abstand D, je größer der Abstand desto überproportional größer die Rotverschiebung z.

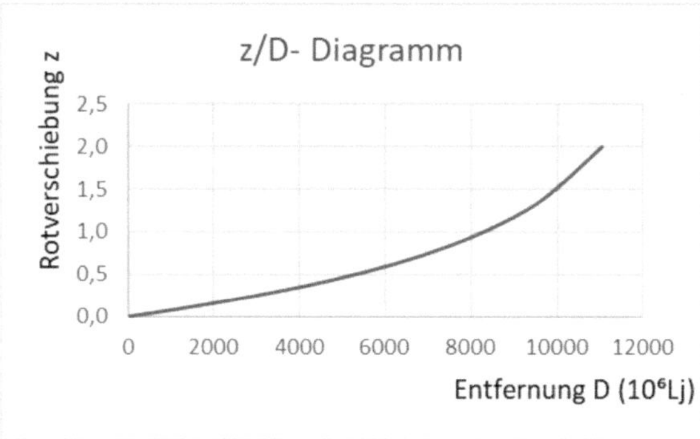


***Abb. 8 Änderung der Rotverschiebung mit der Entfernung.***
*Im Modell des Dualen Kosmos kann die Rotverschiebung entfernter Sterne nur für Entfernungen bis ca. 2 bis 3 Milliarden Lichtjahre durch eine Gerade approximiert werden. Danach nimmt die Rotverschiebung mit wachsender Entfernung überproportional zu.*

Die Beziehungen zwischen Fliehgeschwindigkeit, Abstand und Rotverschiebung sind in Tabelle 1 aufgelistet. Die als (zur Rotverschiebung z) spezifische Entfernung bezeichnete Funktion B(u) ergibt sich zu

$$B(u) = D/z = \frac{u \cdot T_0}{\sqrt{(c+u)/(c-u)} - 1} \quad \text{(Lj)} \qquad (3)$$

Sie hat die Dimension einer Länge und hängt nur von der Geschwindigkeit u ab.

Für Geschwindigkeiten bis etwa 40000 km/s ist die Funktion B(u) nahezu konstant und geht für u gegen Null asymptotisch in $T_0 \cdot c$ über. Man hat für kleine u

$$\lim_{u\to 0} B(u) = \lim_{u\to 0}\left(\frac{u \cdot T_0}{\sqrt{(c+u)/(c-u)}-1}\right)$$

$$= \frac{u \cdot T_0}{\sqrt{(c+u)/(c-u)} - 1} = \frac{u \cdot T_0 \cdot \sqrt{c-u}}{\sqrt{(c+u)} - \sqrt{c-u}}$$

$$= \frac{u \cdot T_0 \cdot \sqrt{1-u/c}}{\sqrt{1+u/c} - \sqrt{1-u/c}} = \frac{u \cdot T_0 \cdot \sqrt{1-u/c}}{1+\frac{1}{2}u/c - 1 + \frac{1}{2}u/c}$$

$$= c \cdot T_0 \qquad (4)$$

Die Rotverschiebung z ist zur Entfernung D nur für den Bereich von z linear (bzw. nahezu linear) für den B(u) konstant (oder nahezu konstant) ist, also nur für „kleine" Geschwindigkeiten bis etwa 0,15·c bzw. kleine z.

Es wird betont, Gleichungen Gl. 3 und insbesondere Gl. 4 gelten nur für die vom Urknall herrührenden Geschwindigkeiten. Diese Beziehungen sind jedoch nur bedingt bzw. überhaupt nicht mehr anwendbar bei Geschwindigkeiten, die durch spätere kosmische Ereignisse beeinflusst bzw. geprägt sind.

Ein interessanter Fall betrifft Sterne, bei denen aus anderen kosmischen Daten die Entfernungen zur Erde bekannt sind (Cefeiden). Deren Geschwindigkeiten sind auch hinreichend groß, damit der Einfluss späterer kosmischer Ereignisse vernachlässigt werden kann. Hier kann im Modell des Dualen Kosmos mit obiger Gl.1 direkt die bei dem betreffenden Stern konstante Fliehgeschwindigkeit u bestimmt werden, welche mit der aus dem Dopplereffekt bestimmten Geschwindigkeit übereinstimmen müsste. Als gleichwertige Aussage muss der aus der Doppler-Rotverschiebung des Lichts dieser Sterne mit Hilfe obiger Gl.1 berechnete Abstand mit den aus anderen kosmischen Daten bekannten Entfernung übereinstimmen. Dies bietet die Möglichkeit das aus dieser Arbeit resultierende Modell der Rotverschiebung zu verifizieren.

Das Modell des Dualen Kosmos ist in der Lage die Beziehung zwischen Rotverschiebung z und Abstand D zu erklären ohne die Hypothese einer Ausdehnung des Raumes. Die entscheidenden Punkte dieses Modells sind zum einen die Erklärung der auftretenden sehr hohen Geschwindigkeiten entfernter Sterne und zum anderen die aus dem Modell folgende Proportionalität zwischen Geschwindigkeit des sendenden Sterns und seinem Abstand zur Erde bei Ankunft des Signals. Diese Proportionalität beruht auf der konstanten Geschwindigkeit der jeweiligen Materien-Punkte nach einer Übergangszeit T' die sehr klein gegen die bis heute seit dem Urknall verstrichene Zeit $T_0$ ist.

Die bei hohen Geschwindigkeiten bzw. großen Abständen überproportionale Zunahme der Rotverschiebung z (Abb. 8) beruht hier auf der Beschreibung durch den Dopplereffekt. Im Modell des Dualen Kosmos erfolgt die Abstandsbestimmung einer gemessenen Rotverschiebung z durch die Beziehungen Gl.2 und Gl. 1. Eine größere Rotverschiebung z bedeutet hier deshalb keine (zur Entfernung) überproportionale Expansionsrate.

Wird die Rotverschiebung z als proportional zur Entfernung angenommen, dann würde wegen der Linearität von Fliehgeschwindigkeit u und Entfernung D für große Werte von z sowohl die Entfernung als auch die Flieh- Geschwindigkeit überschätzt werden.

Die Größe B(0)/c gibt das Alter des Kosmos an, genauer die seit dem Urknall vergangene Zeit. Wenn aus anderen astronomischen Daten die Entfernung eines Sternes zur Erde bekannt ist, dann kann mit Hilfe der gemessenen Doppler-Rotverschiebung mit Gleichung 2 in unserem Modell das Alter des Kosmos bestimmt werden. Entscheidend ist hierfür die im Modell des Dualen Kosmos bestehende Beziehung $D = u \cdot T_0$ .

Tab. 1 Daten zur Rotverschiebung

| Geschwindigkeit | Rotverschiebung | Entfernung Signal-Ankunft | Entfernung Signal-Sendung | spezifische Abstandsfunktion |
|---|---|---|---|---|
| | z | D | d | B(u) = D/z |
| km/s | | $10^6$ Lj | $10^6$ Lj | $10^6$ Lj |
| 100 | 0,0003 | 5 | 5 | 13798 |
| 500 | 0,0017 | 23 | 23 | 13788 |
| 1000 | 0,0033 | 46 | 46 | 13777 |
| 2000 | 0,0067 | 92 | 91 | 13754 |
| 3000 | 0,0101 | 138 | 137 | 13731 |
| 6000 | 0,0202 | 276 | 271 | 13661 |
| 12000 | 0,0408 | 552 | 531 | 13518 |
| 18000 | 0,0619 | 828 | 781 | 13374 |
| 30000 | 0,1055 | 1380 | 1255 | 13075 |
| 60000 | 0,2247 | 2760 | 2300 | 12281 |
| 90000 | 0,3628 | 4140 | 3185 | 11412 |
| 120000 | 0,5275 | 5520 | 3943 | 10464 |
| 150000 | 0,7321 | 6900 | 4600 | 9426 |
| 180000 | 1,0000 | 8280 | 5175 | 8280 |
| 210000 | 1,3805 | 9660 | 5682 | 6998 |
| 240000 | 2,0000 | 11040 | 6133 | 5520 |
| 270000 | 3,3589 | 12420 | 6537 | 3698 |
| 288000 | 6,0000 | 13248 | 6759 | 2208 |
| 294000 | 8,9499 | 13524 | 6830 | 1511 |
| 297000 | 13,1067 | 13662 | 6865 | 1042 |
| 298500 | 18,9750 | 13731 | 6883 | 724 |
| 299100 | 24,8005 | 13759 | 6890 | 555 |
| 299700 | 43,7102 | 13786 | 6897 | 315 |
| 299850 | 62,2376 | 13793 | 6898 | 222 |

***Tab. 1 Daten zur Rotverschiebung***
*Im Modell des Dualen Kosmos erfolgt die Berechnung der kosmischen Rotverschiebung durch den Dopplereffekt. Spalte 2 gibt die aufgrund des Dopplereffektes berechnete Rotverschiebung $z=\Delta\lambda/\lambda$ für Licht-Signale von Sternen an, die sich mit der in der ersten Spalte angegebenen Geschwindigkeit von der Erde entfernen. Die spezifische Abstandsfunktion B(u) ist in der fünften Spalte angegeben. Dieses Verhältnis stimmt mit den Beobachtungen überein. Die hohen Werte der Rotverschiebung entfernter Sterne können hier ohne die Hypothese der Ausdehnung des Raums erklärt werden (auf Grund rechnerischer Vereinfachung wurde die Lichtgeschwindigkeit mit 300000 km/s und das Alter des Kosmos mit 13,8 Mrd. Jahren angesetzt)*

## 6.6 Vergleich mit der Hubble-Konstanten

Wie in Kap. 6.5 dargelegt ist bei kleinen Geschwindigkeiten u (etwa u < 0,15c) bzw. kleinen Abständen (etwa < $2\cdot10^9$ Lj) für entfernte Sterne der Quotient B(u) aus Abstand und durch den Dopplereffekt erklärte Rotverschiebung z nahezu konstant und es gilt

$$D/z = B(u) \approx B(0) = c\cdot T_0$$

Im derzeitigen Standardmodell der Kosmologie existert ebenfalls ein nahezu linearer Zusammenhang zwischen der Entfernung eines Sterns zur Erde und der Rotverschiebung des von diesem Stern ausgesandten Lichtes. Die Erklärung der Rotverschiebung wird dort allerdings auf die Ausdehnung des Raumes zurückgeführt und durch die Hubble-Konstante $H_0$ beschrieben **(7)**

$$H_0 = c\cdot z / D$$

Es zeigt sich, dass die in dieser Arbeit eingeführte spezifische Abstandsfunktion B(u) mathematisch der Hubble Konstanten entspricht. Durch Einsetzen der Gl.3 (Kap. 6.5) in die Hubble Konstante $H_0$ ergibt sich nämlich

$$H_0 = c/ B(u) = c \cdot \frac{\sqrt{(c+u)/(c-u)}-1}{u\cdot T_0}$$

Für kleine Geschwindigkeiten ist die rechte Seite der Gleichung nahezu konstant und geht bei auf Null abnehmender Geschwindigkeit asymptotisch in $1/T_0$ über.

$$H_0 = c/B(u) \approx \lim_{u\to 0}\left(\frac{c}{B(u)}\right) = \lim_{u\to 0}\left(c \cdot \frac{\sqrt{(c+u)/(c-u)}-1}{u\cdot T_0}\right) = 1/T_0 \qquad (1)$$

Die mit dem Modell dieser Arbeit bestimmte Beziehung zwischen Entfernung und Rotverschiebung (bei Ankunft des Signals) ergeben bis Geschwindigkeiten von etwa $0{,}15\cdot c$ eine gute Übereinstimmung mit der Hubble-Konstante.

Im Modell des Dualen Kosmus würde die Hubble Konstante von der Entfernung D des Senders abhängen, von dem das Signal kommt. Mit Hilfe Tab. 2 ergäbe sich der in Abb. 9 dargestellte Verlauf in Abhängigkeit von D

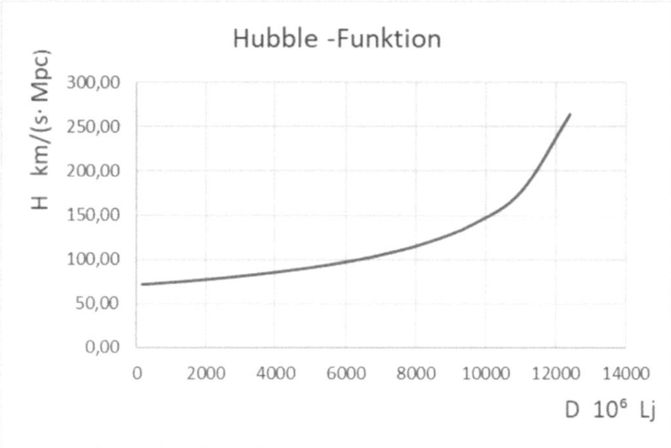


**Abb. 9 *„Hubble Funktion“***
*Diese Abbildung stellt im Modell dieser Arbeit die Änderung der Hubble Konstanten („Hubble Funktion“) mit der Entfernung D dar. Es ist zu beachten, dass im Modell dieser Arbeit die Interpretation der Hubble Konstanten grundverschieden zum Standardmodell der Kosmologie ist.*

Es ist ausserordentlich verblüffend, dass trotz der völlig unterschiedlichen Annahmen, die dem Kosmosmodell dieser Arbeit (Entfernung der Gestirne durch eine Kraft) und dem Standardmodell des Kosmos (Ausdehnung des leeren Raumes) zugrunde liegen, die Beschreibung von Geschwindigkeit und Abstand von Sternen, die bis etwa $2 \cdot 10^9$ Lichtjahre von der Erde entfernt sind, recht gut übereinstimmt. Im Standardmodell nimmt die Expansion des Kosmos jedoch bei großen Entfernungen stärker als proportional zur Entfernung zu, zumindest solange man unterstellt, dass die Rotverschiebung z proportional zur Entfernung D ist.

Das Modell des Dualen Kosmos dieser Arbeit ist in der Lage die Beziehung zwischen Rotverschiebung z und Abstand D zu erklären ohne die Hypothese einer Ausdehnung des Raumes. Die entscheidenden Punkte dieses Modells sind zum einen die Erklärung der auftretenden sehr hohen und konstanten Geschwindigkeiten der Materie nach dem Urknall, deren Transformation durch relativistische Geschwindigkeitsaddition in das Bezugssystem der Erde und die daraus folgende Proportionalität zwischen Geschwindigkeit und Abstand eines Massepunktes zur Erde sowie „last not least“ die physikalisch nun passende Bestimmung der Rotverschiebung durch den Dopplereffekt.

Da im Kosmosmodell dieser Arbeit die Erde ein beliebiger Punkt im Kosmos ist, ergeben sich diese Schlussfolgerungen auch für einen Beobachter auf jedem anderen Stern im Kosmos.

## 6.7 Hintergrundstrahlung

In dieser Arbeit wird der Urraum, also der Kosmos vor dem Urknall, als stationär, sich in einem Ruhezustand befindlich, angenommen. Durch den Urknall werden alle später auftretenden Energien ausgelöst, insbesondere kinetische und elektromagnetische Energien. Dies betrifft auch die Hintergrundstrahlung, eine offensichtliche Folge des Urknalls [8].

Auch im Modell dieser Arbeit erfolgt nach dem Urknall eine Aufheizung der m(+)-Materie, die wie im Standardmodell des Kosmos zu einem thermischen Geichgewicht führt. Bei weiterer Ausdehnung wird durch die zunehmende Entfernung der m(-) und m(+)-Materie die Aufheizung erst immer weiter reduziert, dann eine Abkühlung eingeleitet, bis schließlich auch in diesem Modell die „Durchsichtigkeit“ des Kosmos erreicht ist. Im Modell des Dualen Kosmos wird für die Rotverschiebung der Hintergrundstrahlung der Dopplereffekt zugrunde gelegt. Entsprechend gilt für den Zeitpunkt $T_1$ zu dem die Hintergrundstrahlung ausgesandt wurde Gl. 6 von Kap. 6.2. Durch Einsetzen von Gl. 2 von Kap. 6.5 gilt bei Rotverschiebungen für den Zeitpunkt $T_1$

$$T_1 = T_0 \cdot \frac{1}{(z+1)^2} \qquad (1)$$

Hier ist die Übereinstimmung mit dem Standardmodell der Kosmologie nicht gut. Für $T_1$ gleich 380000 Jahre wäre die Rotverschiebung z lediglich 190 statt 1090. Das heißt die Hintergrundstrahlung wäre wesentlich energiereicher. Nimmt man dagegen z=1090 an, dann hätte in diesem Modell die Durchsichtigkeit schon nach etwa 23000 Jahren stattfinden müssen.

Diese mangelhafte Übereinstimmung kann an den sehr unterschiedlichen zugrunde liegenden Modellen liegen. Ferner ist im Modell des Dualen Kosmos die Genauigkeit der Näherung für „kleine“ Zeitabstände vom Urknall wegen der vorgenommenen Näherung (siehe Gl.4 von Kap.6.2) noch unsicher. Insgesamt kann aber festgestellt werden, dass das Modell des Dualen Kosmos grundsätzlich geeignet ist auch die Hintergrundstrahlung zu beschreiben.

Im Modell dieser Arbeit war die Ausdehnung des Kosmos nicht adiabatisch, da die Dunkle Energie die Ausdehnung bewirkte. Dies bedeutete auch, dass die Temperatur vom Zeitpunkt der Durchsichtigkeit an wesentlich geringer abgesenkt wurde als bei einer rein adiabatischen Ausdehnung.

Bei einem Radius von 380000 Lj, als - gemäß Standardmodell - Durchsichtigkeit erreicht wurde, wären im Kosmos-Modell dieser Arbeit immerhin noch etwa $3 \cdot 10^{14}$ Atome Wasserstoff pro Kubikmeter vorhanden, so dass die Temperatur und Strahlung bei der weiteren Ausdehnung zumindest teilweise noch den thermodynamischen Gesetzen folgen könnte. Eine nach Durchsichtigkeit folgende thermodynamische Abkühlung würde eine Vergleichmäßigung der Hintergrundstrahlung und eine weiter Rotverschiebung bewirken. Dies könnte den Unterschied zum Standardmodell erklären.

# 7. Zusammenfassende Beschreibung des neuen Kosmosmodells. Anmerkungen

Die physikalisch vernüftige Annahme, dass die Entfernung der Gestirne voneinander von einer Kraft bewirkt wird, die auf Materie wirkt und deshalb auch von Materie ausgeht, führt zu einem erstaunlichen Ergebnis: es ergibt sich ein von der Erde aus beobachtbares Universum, das in wesentlichen Punkten mit den Beobachtungen übereinstimmt. So erklärt es z.B

- die kosmische Rotverschiebung des Lichts weit entfernter Sterne
- die mit der Entfernung zur Erde zunehmende Fliehgeschwindigkeit der Sterne
- eine Beziehung, die die Entfernung bzw. Geschwindigkeit der Sterne zur Erde beschreibt, die für (kosmisch) kleine Entfernungen und Geschwindigkeiten mit der Hubble Konstanten übereinstimmt
- warum die Erde kein besonderer Ort im Kosmos ist
- warum ein hypothetischer Beobachter in einer anderen Galaxie grundsätzlich die gleiche Struktur des von ihm aus beobachtbaren Universums fesstellen würde
- das Verhältnis der insgesamt im Kosmos auf die Normale („baryonische") und Dunkle Materie wirkenden kontraktiven Kräfte zu den auf diese beiden Materiensorten insgesamt expansiv wirkenden Kräfte zu etwa 5,1 : 28,2 : -66,7

Die Besonderheit dieses neuen Kosmosmodells liegt darin, dass das Prinzip der Erhaltung von Energie auch im Kosmos und insbesondere für denn Urknall gilt, und dass zur Erklärung obiger Punkte die Hypothese einer Ausdehnung des leeren Raums unnötig ist.

Aus der oben gemachten Annahme folgt, dass die für die Expansion verantwortliche Dunkle Energie auf Materie (hier mit m(-) bezeichnet) zurückgeführt werden kann, die zu sich selbst mit der Gravitationskonstanten G anziehend und zur Normalen und Dunklen Materie (hier mit m(+) bezeichnet) mit der Gravitationskonstanten -G abstoßend ist (Kap.3).

Beide Materiensorten haben gemäß dem Kosmosmodell dieser Arbeit schon immer existiert und befanden sich vor dem Urknall in einem Gleichgewicht, das aus einer homogenen Mischung beider Materiensorten bestanden haben mag, derart, dass die langreichweitigen Kräfte sich gerade gegenseitig aufhoben.

Der Urknall bedeutet hier die einer Kettenreaktion ähnlich ablaufende Separation der beiden Materiesorten, die zum expandierenden Kosmos führte, mit der Konzentration der m(-)-Materie zu einen M(-)- Kern im Urpunkt genannten Zentrum des Kosmos und der davon zentrifugal nach allen Richtungen expandierenden m(+)-Materie.

Aufgrund der großen involvierten Massen erreichte die expandierende m(+)-Materie schon gleich nach dem Urknall Geschwindigkeiten sehr nahe der Lichtgeschwindigkeit. Ein ganz wesentlicher Aspekt ist der Nachweis, dass die mittlere Fliehgeschwindigkeit $\bar{u}'$ der m(+)-Materie schon ab wenigen Jahren oder Jahrzehnten nach dem Urknall konstant war.

$$\bar{u}' = c - \bar{\varepsilon}' = \text{const.}$$

Entscheidend ist hier die in sehr guter Näherung nachgewiesene Konstanz der winzigen Abweichung $\bar{\varepsilon}'$ von der Lichtgeschwindigkeit, in dieser Arbeit Avol genannt (Kap.5 Gl. 6d).

Die tatsächlich auftretende Avol $\varepsilon' = \bar{\varepsilon}' \cdot 10^{+L}$ der m(+)-Materie streut um den konstanten Mittelwert $\bar{\varepsilon}'$ mit einer Verteilungsfunktion f(ε') und ist ebenfalls konstant. Ein Massepunkt mit der Avol ε' besitzt einen etwas unterschiedlichen radialen Abstand zum Urpunkt

$$R' = T_0 \cdot (c - \varepsilon')$$

Damit ergibt sich folgende Beschreibung des Kosmos im Bezugssystem des Urpunktes: Die m(+)- Materie befindet sich in einer sehr dünnen Schale mit dem mittleren Radius $\bar{R}' = T_0 \cdot (c - \bar{\varepsilon}')$, die sich mit der konstanten mittleren Geschwindigkeit $\bar{u}' = c - \bar{\varepsilon}'$ radial vom Zentrum mit dem M(-)-Kern entfernt. Die tatsächliche Verteilung der Materie bezüglich radialer Position R' und Geschwindigkeit u' hängt von der Streuverteilung f(ε') der tatsächlichen Avol ε' um den konstanten Mittelwert $\bar{\varepsilon}'$ ab.

Die Erde ist ein beliebiger Materiepunkt in dieser kugelsymmetrischen, dünnen m(+)--Schale, der sich wie alle Materienpunkte in dieser Schale mit einer konstanten Geschwindigkeit

$$v' = c - \varepsilon'_0$$

radial vom Urpunkt entfernt. Der entscheidende Punkt ist nun wie ein Beobachter auf der Erde die anderen Materiepunkte wahrnimmt, die sich ebenfalls in dieser nahe Lichtgeschwindigkeit expandierenden m(+)-Schale befinden. Wegen der sehr hohen involvierten Geschwindigkeiten muss ganz offensichtlich relativistisch gerecchnet werden. Hier zeigt sich der Vorteil der Einführung der Größe Avol ε', wodurch die Umrechnung sehr einfach wird (Gl.2 in Kap. 6). Dabei ist es faszinierend zu erkennen wie durch die relativistische Addition der Geschwindigkeiten anderer Materiepunkte vom Bezugssystem des Urpunktes in das Bezugssystem der Erde sich das von der Erde aus beobachtbare Universum ergibt, das die oben genannten Eigenschaften besitzt (Kap.6).

Nach dem Kosmosmodell dieser Arbeit gibt es jedoch keine isotrope Anordnung der Materie um die Erde, sondern eine eher abgeflachte, rotationssymmetrische Verteilung um die Achse Erde – Urpunkt. Diese Anisotropie hängt von der Streuverteilung f(ε') um den Wert $\bar{\varepsilon}'$ ab.

Der Abstand D von der Erde zu entfernten Sternen kann im Rahmen dieses Modells zu

$$D = u \cdot T_0$$

bestimmt werden, wobei u die Fliehgeschwindigkeit des Sterns zur Erde und $T_0$ die seit dem Urknall vergangene Zeit ist. Dabei ergibt sich für das Verhältnis von Entfernung D zur Rotverschiebung z

$$D/z = \frac{u \cdot T_0}{\sqrt{(c+u)/(c-u)} - 1} \quad \text{(Lj)}$$

Man erkennt aus Abb.8 die überproportionale Zunahme der Rotverschiebung z mit der Entfernung. In diesem Zusammenhang ergibt sich für „kleine“ Entfernungen bis $2 \cdot 10^9$

Lichtjahren eine sehr erstaunliche Übereinstimmung mit der Hubble-Konstanten $H_0$, wenn wir D/z als (zur Rotverschiebung) spezifische Abstandsfunktion B(u) bezeichnen (Kap.6.6).

$$H_0 = c/B(u) \approx \lim_{u\to 0}\left(\frac{c}{B(u)}\right) = \lim_{u\to 0}\left(c \cdot \frac{\sqrt{(c+u)/(c-u)}-1}{u \cdot T_0}\right) = \frac{1}{T_0}$$

Da die Erde kein besonderer Ort in der m(+)-Materienschale ist, würde ein hypothetischer Beobachter in jedem anderen Punkt der m(+)-Materienschale (bei gleichem Abstand zum Urpunkt) die gleichen Beobachtungen machen wir der Beobachter auf der Erde.

Je nach dem alternativen Bezugssystem, entweder das des Urpunktes oder das eines Punktes in der m(+)-Materienschale, stellt sich der Kosmos völlig anders dar. Um diesen Unterschied Rechnung zu tragen scheint für das Kosmosmodell dieser Arbeit die Bezeichnung „Dualer Kosmos" sinnvoll.

## Anmerkung zur Elementarteilchen- Physik

Falls das vorliegende Modell der Dunklen Energie und des Kosmos ("Dualer Kosmos") von der Fachwelt bestätigt werden kann, wären Konsequenzen hinsichtlich der Elementarteilchen unvermeidlich. Das bestehende Standardmodell der Elemantarteilchen müsste um die Gravitationseigenschaften (+) und (-) ergänzt werden. Andererseits könnte die Einordnung der Gravitationseigenschaften in das Standardmodell der Elementarteilchen helfen, die Teilchen der Dunklen Materie und Dunklen Energie in das System einzuordnen.

## Anmerkung zur Allgemeinen Relativitätstheorie

Es scheint wichtig zu betonen, dass das in dieser Arbeit beschriebene Modell des Kosmos nicht im Widerspruch zur Allgemeinen Relativitätstheorie (ART) steht. Insbesondere bedingt der Urraum wegen der Abwesenheit von darin wirkenden Gravitations-Kräften keine Verzerrung der Raumzeit. Auch die Definition des Urknalls in dieser Arbeit ist unabhängig von der ART.

Die im Kosmosmodell dieser Arbeit verwendeten Inertialsysteme, nämlich das Urpunktsystem und das Inertialsystem des Punktes E („ Erde") sind in sehr guter Näherung unbeschleunigte Inertialsysteme, das Urpunktsystem per Definition und das E-Punkt-System durch die Konstanz seiner Geschwindigkeit $v' = c - \varepsilon'_0$ zum Urpunkt nach einer Übergangszeit T'. Damit ist die Spezielle Relativitätstheorie eine hinreichend gute Näherung zur Beschreibung der Bewegungen in diesen Systemen.

Die ART spielt eine Rolle innerhalb der hier nicht betrachteten Übergangszeit T' solange die Materie noch beschleunigt wird, ferner bei späteren Zusammenballungen von Materie in der m(+)-Schale.

## Anmerkung zur Schwarzen Materie

Das vorliegende Modell des Kosmos basiert nicht auf der Existenz der Schwarzen Materie. Wenn sie nicht existierte, könnte man gedanklich ihre Menge gleich Null setzen und gleichzeitig die gesamte m(+)- Materie der baryonischer Materie zuordnen. Die in dieser Arbeit zwischen m(+)- und m(-)-Materie gefundenen Beziehungen beschrieben dann das Verhältnis von normaler Materie zur Materie der Dunklen Energie. Andererseits ist die Schwarze Materie kein Störfaktor für dieses Modell. Die Existenz der Dunklen Energie ist aber zwingend erforderlich. Nur durch sie expandiert das Universum.

## Darstellung der Dunklen Energie als Potential

Als alternative Hypothese werde die Dunkle Energie durch ein kugelsymmetrisches Potential dargestellt, etwa entsprechend der Anmerkung unter Kap. 3.6. Dieses Potential bewirke eine Abstoßung sowohl der normalen als auch der Dunklen Materie, die kugelsymmetrisch um den Nullpunkt dieses Potentials verteilt sei. Da die Wirkung dieses Potentials, nämlich die Expansion der Gestirne, noch andauert, ist die Reichweite dieses Potentials sehr lang, wofür wie für alle langreichweitigen Potentiale (Gravitation, Elektrostatik) eine 1/r –Abhängigkeit angenommen werde. Diesem Potential kann eine „antigravitative“ Masse zugeordnet werden, in der Arbeit als M(-)-Kern bezeichnet. Damit die Abstoßung erfolgen kann muss diese antigravitative Masse jedoch hinreichend groß sein, vergleichbar oder größer als die gesamte Masse der normalen und Dunklen Materie.

Auf Basis dieser Hypothese könnten alle wesentlichen Folgerungen der Kapitel 5 und 6 abgeleitet werden mitsamt ihren Vorteilen gegenüber der Standardtheorie des Kosmos. Die in Kap. 5.4 abgeleiteten Energieanteile hängen noch von der Größe des dann angenommenen M(-)-Kerns ab. Der Nullpunkt (r = 0) dieses Potentials („Urpunkt“) ist dann notwendigerweise der Punkt, an dem die Expansion begann („Urknall“).

Diese Hypothese mag zwar willkürlich erscheinen, aber sie steht auf dem Boden der Physik, bei der eine Kraft auf ein Potential zurückgeführt wird. Im Übrigen ist diese Hypothese nach Meinung des Autors weit weniger willkürlich als die sonst zwingend erforderliche Hypothese einer Ausdehung des leeren Raumes.

Auch bei Annahme dieser Hopothese kann man den in der Arbeit definierten Urraum durch Zurückverfolgung desr Expansion erreichen, wenn man unterstellt, dass der M(-)-Kern aus Teilchen besteht und die Masse des M(-)-Kerns gleich der Gesamtmasse M(+) der normalen und der Dunklen Materie ist.

## Anhang 1

## Gravitationspotentiale

Ausgangspunkt dieser Arbeit ist die Analyse von Potentialen, die die großräumigen Bewegungen im Kosmos bewirken. Dafür kommt nur das Gravitationspotential in Frage. Das Gravitationsgesetz, das die Kraft zwischen zwei Massen $m_1$ und $m_2$ im Abstand r beschreibt ist ein unumstößliches Gesetz der Pysik, mit G als Gravitationskonstante von etwa $6{,}67 \cdot 10^{-11}$ $(m^3/(kgs^2)$

$$K = -\ G \cdot \frac{m_1 \cdot m_2}{r^2} \qquad (1)$$

Die Wechselwirkungen zwischen Körpern können durch Potentiale beschrieben werden. Dann nimmt das Gravitationsgesetz folgende Form an

$$E_{pot} = -\ G \cdot \frac{m_1 \cdot m_2}{r} \qquad (2)$$

Hier bedeutet $E_{pot}$ das Potential bzw. die potentielle Energie zwischen den beiden Massen beim Abstand r mit $E_{pot}(\infty) = 0$.

In großer Entfernung ("Unendlich") ist die Anziehung auf den betreffenden Körper Null, die entsprechende potentielle Energie wird üblicherweise ebenfalls mit Null angesetzt. Wenn sich die Körper annähern, wird Energie (kinetische Energie, Reibung, Wärme, Strahlung usw.) freigesetzt. Um diesen Betrag nimmt die potentielle Energie ab, sie wird mit kleinerem Abstand zunehmend negativer. Anschaulich ergibt sich das Bild eines "Potentialtopfes", das für jegliche Wechselwirkung erstellt werden kann.

Bei Annäherung von $r_2$ auf $r_1$ wird Energie freigesetzt, die hier allgemein mit $E_{kin}$ bezeichnet wird, auch wenn sie nicht nur kinetische Energie enthalten mag,

$$E_{kin} = \ - G \cdot m_1 \cdot m_2 \cdot \left(\frac{1}{r_2} - \frac{1}{r_1}\right) \qquad (3)$$

So grundlegend einfach diese Gesetze sind, so können bei großen Energien, Massen und Abständen Besonderheiten auftreten, die bei Betrachtungen im Kosmos berücksichtigt werden müssen. Dies betrifft insbesondere die relativistische Massenzunahme und den Massedefekt.

Für die relativistische Massenzunahme bei hohen Geschwindigkeiten ist dieser Einfluss offensichtlich. Für den Massendefekt muss etwas weiter ausgeholt werden.

Teilchen können in einem Potentialtopf auch gebunden werden. Um sie wieder frei zu setzen ist Energie $\Delta E^B$, die sogenannte Bindungsenergie, erforderlich. Nach der Freisetzung besitzt das System (die den Potentialtopf bildenden Teilchen und das nun separate, sehr weit entfernte Teilchen) wieder die potentielle Energie von Null. Im gebundenen Zustand ist seine potentielle Energie – $\Delta E^B$.

Am Beispiel der nuklearen Wechselwirkung erkennt man, dass die Abnahme der potentiellen Energie mit einer Abnahme der Masse einhergeht, dem sogenannte Massendefekt. Dies entspricht der Einstein`schen Energie-/ Massenäquivalenz $E = mc^2$ . Ferner sieht man, Masse ist eine positive Größe, sonst würde ein Massedefekt, wie hier in der Kernenergie die Masse vergrößern. Der Massendefekt bezieht sich dabei offensichtlich nicht auf einzelne Teilchen (z.B. beim Neutroneneinfang auf das eingefangene Neutron) sondern auf das gesamte Potentialsystem (z.B. den gesamten Kern samt eingefangenem Neutron).

Schon bei der elektrischen Wechselwirkung ist der Massendefekt so klein, dass er kaum messbar ist. Beispielsweise wird bei der Bildung des Wasserstoffatoms durch den Einfang eines Elektrons von einem Proton die Energie von 13,8 eV frei. Entsprechend verringert sich die potentielle elektrische Energie. Der Massendefekt ist dann der etwa $1{,}5 \cdot 10^{-8}$ te Teil des Gewichtes des Wasserstoffatoms. Diese Abweichung liegt innerhalb der heutigen Messungenauigkeit. Auch hier bezieht sich der Massendefekt auf das gesamte Atom und nicht nur auf das eingefangene Elektron.

Noch kleiner ist der Massendefekt bei der gravitativen Wechselwirkung. Nehmen wir an, ein Felsblock von 1000 kg stürze 100 m in die Tiefe und kommt dort zur Ruhe. Seine kinetische Energie sei dabei vollkommen in Wärmeenergie umgewandelt und gedanklich in den Weltraum abgeführt worden. Dann ist die Verringerung der potentiellen Energie und damit der Massedefekt $mgh/ c^2$ = ca $1{,}1 \cdot 10^{-11}$ kg, also unmessbar klein.

Man könnte vermuten, dass der Massendefekt bei der Gravitation aufgrund der Schwäche der Wechselwirkung keine Rolle spielt. Aber im Gegensatz zu anderen Wechselwirkungen, werden bei der Gravitation die Wechselwirkungen aller Teilchen kumuliert. Je höher die Masse desto größer die kumulative Wirkung. Deshalb spielt dieser Effekt im Kosmos eine Rolle.

In allen nachfolgend betrachteteten Fällen gelte als Grundprinzip, dass in einem geschlossenem System die gesamte Energie und die gesamte Masse unverändert bleibt. Wenn im obigen Beispiel des herabgestürzten Felsblocks die freigesetzte Energie auf der Erde verblieben ist, dann hat das System Erde-Felsblock offensichtlich keinen Massedefekt erlitten

Ein einfacher Fall betrifft die Gravitation von zwei Massepunkten mit der gleichen Ruhemasse $m_0$ , die sich aus großer Entfernung ("unendlich") allein durch die gravitorische Anziehung aufeinander zubewegen. Wenn die Energie im Unendlichen $E_0$ ist gilt wegen des Energieerhaltungssatzes für alle Abstände r der beiden Massepunkte

$$E(r) = E_0 - E_{pot}(r) + E_{kin}(r) = E_0$$

Wenn $E_{pot}$ und $E_{kin}$ im Unendlichen mit Null angesetzt wird, beinhaltet diese Relation, dass die mit kleinerem Abstand zunehmend negativere potentielle Energie durch die zunehmend positivere kinetische Energie für jeden Wert von r genau ausgeglichen wird.

Diese Beziehung erscheint dadurch komplex, dass $E_{pot}$ und $E_{kin}$ sich gegeneinander zu beeinflussen scheinen, indem beiden Massen zugeordnet werden können. Mit abnehmenden Abstand verringert sich $E_{pot}$, $E_{kin}$ dagegen erhöht sich. Für die zuordenbaren Massen entsprechend $m' = -\Delta E_{pot}/c^2$ und $m'' = +\Delta E_{kin}/c^2$ gilt das gleiche.

Die gravitorische Wechselwirkung beginnt im Unendlichen, wo die Masse $m_0$ definiert ist. Mit zunehmender Geschwindigkeit (also geringerem Abstand r) hat man eine negativere potentielle Energie, die einen "Massendefekt" $\Delta m(r)$ entspricht. Wegen des Prinzips der Energieerhaltung entspricht diesem $\Delta m(r)$ genau die dann vorliegende kinetische Energie. Für jeden Abstand r muss ja stets gelten

$$E_{pot}(r) + E_{kin}(r) = 0$$

Die allgemeinste Gleichung zur Beschreibung dieses Systems mit zwei identischen Massen ist

$$-\frac{G}{r}\cdot(m_0 - \Delta m(r))\cdot(m_0 - \Delta m(r)) + 2\cdot\Delta m'(r)\cdot c^2 = 0 \tag{4}$$

Hierbei ist $m_0$ die Ruhemasse (Masse im Unendlichen). $\Delta m(r)$ ist die Massendifferenz des Massepunktes im Vergleich zu Unendlich. Sie ist eine Funktion vom Abstand r und berücksichtigt die Änderung der das Potential bestimmenden Massen, aufgrund der mit dem Abstand r sich ändernder potentieller und kinetischer Energie. Schließlich ist $\Delta m'(r)$ das Einstein'sche Masseäquivalent der kinetischen Energie.

Für diese Gleichung ist in einem geschlossenen System, aus dem keine Energie verschwinden oder hinzugefügt werden kann, der Lösungsansatz **$\Delta m(r) = 0$** zwingend, und bedeutet, dass die das Potential bestimmende Masse neben der Massenzunahme aufgrund der kinetischen Energie auch die Massenabnahme aufgrund des negativeren Potentials berücksichtigt. Dies ist identisch mit der Aussage, dass bei jedem Abstand r gilt $m(r) = m_0$

$$E(r) = m_0\cdot c^2 + E_{pot}(r) + E_{kin}(r) = E_0 \quad \text{bzw.}$$

$$m(r) = m_0 + \Delta m(r) = m_0 + E_{pot}(r)/c^2 + E_{kin}(r)/c^2 = m_0$$

Die Richtigkeit der Massenbilanz folgt aus der Richtigkeit der Energiebilanz. Voraussetzung ist dabei allerdings, dass die durch das Potential freigesetzten Energien, in obigem Beispiel kinetische Energie und ihre Folge-Energien im System verbleiben.

Obiger Lösungsansatz beinhaltet, dass bei der Gravitation der betrachteten zwei Massepunkte jeweils die Massen wirken, die im jeweiligen Zustand physikalisch auch tatsächlich vorliegen und bedeutet, dass in dem abgeschlossenen System der beiden Massepunkte zur Berechnung der Potentiale unabhängig vom Abstand r die Ruhemasse $m_0$ zu nehmen ist.

$$E_{pot}(r) = -\frac{G}{r}\cdot m_0^2$$

Daraus folgt wegen $E_{pot}(r) + E_{kin}(r) = 0$

$$-\frac{G}{r}\cdot m_0^2 + 2(m(r) - m_0)\cdot c^2 = 0 \tag{5}$$

Bei kleinen Abständen würde $E_{pot}$ und $E_{kin}$ gegen (– bzw. +) unendlich tendieren. Der Abstand "Null" ist eine Singularität. Es ist offensichlich, dass bei sehr kleinen Abständen quantenmechanische Gesetzmäßigkeiten vorliegen. Ähnlich wie auch Protonen und Elektronen sich nicht auf die Entfernung Null annähern können.

Ein anderer möglicher Lösungsansatz von Gl. 4 $\Delta m(r) = \Delta m'(r)$

$$- \frac{G}{r} \cdot (m_0 - \Delta m(r)) \cdot (m_0 - \Delta m(r)) + 2 \cdot \Delta m(r) \cdot c^2 = 0 \qquad (6)$$

ist zu verwerfen. Dieser Ansatz bedeutete, dass (ausgehend vom Punkt "unendlich“) die Abnahme der das Potential bestimmenden Masse gleich groß ist wie das Massenäquivalent der freigesetzten (kinetischen) Energie (bei diesem Potential). Gl.6 dürfte nur dann angewendet werden, wenn die durch das Potential freigesetzte kinetische Energie (bzw. deren Folge-Energie) unberücksichtigt bleibt, also aus dem betrachteten System verschwunden ist und kein geschlossenes System vorliegt.

In einem geschlossenen System bleiben jedoch Energie und Masse erhalten und es muss Gl. 5 gelten. Dies gilt insbesondere für den Kosmos, der ein geschlossenes System darstellt, aus dem keine Energie „verschwinden“ kann.

Für unterschiedlich große Massen m, M gilt im geschlossenen System analog zu Gl. 5

$$- \frac{G}{r} \cdot M \cdot m + (M(r) - M_0) \cdot c^2 + (m(r) - m_0) \cdot c^2 = 0$$

Auch hier bleiben die Massen M, m unverändert. Die kinetische Energie wird dagegen im Verhältnis m/(m+M) bzw. M/(m+M) auf M bzw. m aufgeteilt, wie im Schwerpunktsystem leicht zu erkennen ist.

Im Folgenden werden analog zum Kosmos einige Beispiele geschlossener Systeme betrachtet, mit unveränderlicher Gesamtmasse und Gesamtenergie. Dabei ist zu beachten, dass die im und auf das System wirkenden Potentiale vom System selbst ausgehen und die gegebenfalls erzeugte kinetische Energie bei der im System enthaltenen Masse insgesamt verbleiben.

## A1 Isotrope, kugelsymmetrische Verteilung anziehender Massenpunkte

Wenn die Dichte mit D und die Gesamtmasse mit M bezeichnet wird ergibt sich für die potentielle Energie aus der Gravitation der Materie untereinander in einem Kugelvolumen des Radius R bei isotroper Verteilung der Materie

$$E_{pot} = - \int_0^R \frac{4}{3} \cdot r^3 \cdot D \cdot \pi \cdot G \cdot 4\pi \cdot r^2 \cdot \frac{D}{r} \cdot dr$$

$$= - \frac{16}{3} \cdot \pi^2 \cdot D \cdot D \cdot G \cdot R^5 \cdot \frac{1}{5}$$

Mit $M = 4/3 \cdot \pi \cdot d \cdot R^3$ ergibt sich

$$E_{pot} = -\frac{3}{5} \cdot G \cdot \frac{M^2}{R} \tag{7}$$

Die potentielle Energie hängt vom Radius R ab. Wenn wir dieses Volumen als abgeschlossenes System betrachten, dann bewirkt eine Ab- bzw. -Zunahme der potentiellen Energie einer entsprechender Zu- bzw. Abnahme von kinetischer (oder anderer) Energie der in diesem Volumen enthaltenen Massepunkte. Die gesamte Energie und die gesamte Masse bleibt unveränder und hängt nicht vom Radius R ab. Wenn im Anfangszustand die Masse ruht ist M die Ruhemasse.

## A2 Isotrope, kugelsymmetrische Verteilung von sich selbst anziehender Materie m(+) um einen abstoßenden Materiekern M(-)

Als Gedankenexperiment werde eine kugelsymmetrische Anordnung betrachtet, in deren Mitte sich ein mit M(-) bezeichneter Massepunkt befindet. Im Kugelvolumen mit dem Radius R befinde sich eine isotrope Verteilung von als m(+) bezeichneten Massepunkten. Die Gesamtmasse der m(+) Massepunkte sei gleich der Masse des M(-)-Massepunktes im Zentrum. Ferner sei m(+) untereinander mit der Gravitationskonstanten G anziehend und gegenüber M(-) mit der Gravitationskonstanten -G abstoßend. Dann ergibt sich für die potentielle Energie in Kugelkoordinaten, wenn mit D die Dichte der m(+) Materie im Kugelvolumen ist.

$$E_{pot} = \int_0^R M(-) \cdot G \cdot D \cdot 4\pi \cdot r^2 \cdot \frac{1}{r} \cdot dr - \int_0^R \frac{4}{3} \cdot r^3 \cdot \pi \cdot D \cdot G \cdot 4\pi \cdot r^2 \cdot \frac{D}{r} \cdot dr$$

$$= 2\pi \cdot M(-) \cdot D \cdot G \cdot R^2 - \frac{16}{3} \cdot \pi^2 \cdot D \cdot D \cdot G \cdot R^5 \cdot \frac{1}{5}$$

Mit $M(+) = \frac{4}{3} \cdot \pi \cdot D \cdot R^3$ gilt

$$E_{pot} = \frac{3}{2} \cdot M(-) \cdot M(+) \cdot G \cdot \frac{1}{R} - \frac{3}{5} \cdot G \cdot \frac{M(+) \cdot M(+)}{R} \tag{8}$$

In dieser Anordnung kann man ein Schwerpunktsystem definieren mit dem M(-) Kern im Schwerpunkt der isotropen kugelförmigen Verteilung der m(+)-Materie. Daraus ergibt sich die auf die m(+)-Materie wirkende Kraft K zu

$$K = \frac{3}{2} \cdot M(-) \cdot M(+) \cdot G \cdot \frac{1}{R^2} - \frac{3}{5} \cdot G \cdot \frac{M(+) \cdot M(+)}{R^2} \tag{9}$$

Im Gesamtsystem entspricht die Abnahme an potentieller Energie der m(+)-Materie bei einer Ausdehnung um ΔR einer entsprechenden Zunahme kinetischer ( oder anderer ) Energie der m(+)-Materie. Die Gesamtmasse der m(+)-Materie bleibt dadurch unverändert, ist nicht abhängig vom Radius R. Wenn im Anfangszustand die Masse ruht, ist M die Ruhemasse.

## A3 Homogene Verteilung von sich selbst anziehender Materie in einer Randschale um einen abstoßenden Materiekern

Es wird wieder ein kugelförmiges Volumen wie unter A2 betrachtet, jedoch mit dem Unterschied, dass die m(+) Materie in einem Randbereich von (R – δ) bis R isotrop verteilt ist. Für das Gesamtpotential der m(+)-Materie dieser Anordnung ergibt sich

$$E_{pot} = M(-) \cdot M(+) \cdot G \cdot \frac{1}{R} - \frac{1}{2} \cdot M(+) \cdot M(+) \cdot G \cdot \frac{1}{R} \pm c_1 \cdot \delta \pm c_2 \cdot \delta^2 \pm \cdots \qquad (10)$$

und bei sehr kleinen Dicken, insbesondere wenn die gesamte m(+)-Materie gleichmäßig auf dem Rand verteilt ist

$$E_{pot} = M(-) \cdot M(+) \cdot G \cdot \frac{1}{R} - \frac{1}{2} \cdot M(+) \cdot M(+) \cdot G \cdot \frac{1}{R} \qquad (11)$$

# Anhang 2

## Anziehungskonstante der Dunklen Materie zu sich selbst

In Kap. 3.2 wurde dargelegt, dass sie Masse der Dunklen Materie so „normiert" werden kann, dass die Anziehung zur normalen Materie durch die Gravitationskonstante G beschrieben werden kann. Im Folgenden wird daraus abgeleitet, dass die Anziehung dieser normierten Dunklen Materie zu sich selbst ebenfalls durch die Gravitationskonstante beschrieben wird.

Man betrachtet in einem Gedankenexperiment zwei Punkte im Abstand r , auf denen Masse-Einheiten m(bM) und gleich große Massen-Einheiten m(DM) positioniert werden. Also

$$m(bM) = m(DM) = m$$

Wenn auf jeden der beiden Punkte eine Masseeinheit m(bM) sitzt, wirkt zwischen den beiden Punkten die Kraft

$$F = - G\cdot m(bM)\cdot m(bM)\cdot 1/r^2$$

Wenn in einem Punkt m(bM) durch m(DM) ersetzt wird, bleibt die Kraft F definitionsgemäß unverändert.

$$F = -G\cdot m(bM)\cdot m(DM)\cdot 1/r^2$$

Bei je zwei Masseeinheiten m(bM) beträgt die Kraft zwischen beiden Punkten

$$4F = - G/r^2 \left( m(bM)\cdot m(bM) + m(bM)\cdot m(bM) + m(bM)\cdot m(bM) + m(bM)\cdot m(bM) \right)$$

$$= - G/r^2\cdot (2\, m(bM))\cdot (2m(bM))$$

Nun ersetzen wir auf einem Punkt eine Masse-Einheit m(bM) durch eine Masse-Einheit m(DM). Durch Aufaddierung der Kräfte der einzelnen Masse-Einheiten ergibt sich die gesamte Kraft zu

$$4F = - G/r^2 \cdot (m(bM)\cdot m(bM) + m(bM)\cdot m(bM)+m(DM)\cdot m(bM) + m(DM)\cdot m(bM))$$

Die auf jeden Punkt befindliche Gesamtmasse muss 2m sein, denn die Kraft zwischen den beiden Punkten beträgt 4F. Dies bedeutet die Massen m(bM) und m(DM) sind additiv.

$$4F = - 1/r^2 \cdot G \cdot (2\, m) \cdot (2m)$$

Nun setzen wir auf die beiden Punkte je eine m(bM)- und m(DE)- Masseeinheit. Nach der eben gemachten Feststellung befindet sich damit auf jedem Punkt die Masse 2m. Die Kraft zwischen beiden Punkten muss somit 4F sein. Dies ist zu vergleichen mit der Summe der Einzelkräfte,

$$\Sigma F = - G/r^2 (m(bM)\cdot m(bM)+ m(bM)\cdot m(DM)+ m(DM)\cdot m(bM)+ m(DM)\cdot m(DM)$$

Die Summe dr Einzelkräfte $\Sigma F$ ist jedoch nur dann 4F wenn gilt $F = -G/r^2\, m(DM)\cdot m(DM)$, was zu beweisen war.

Somit ist die normierte Masse der Dunklen Materie zur baryonischen Materie und zu sich selbst mit der Gravitationskonstanten G anziehend. In der weiteren Arbeit wird auf den Zusatz "normiert" bei der Masse der Dunklen Materie verzichtet.

## Anhang 3

## Definitonen

In dieser Arbeit werden für einige Phänomene Bezeichnungen verwandt um die weitere flüssige Beschreibung im Text zu vereinfachen, diese sind insbesonders:

**Kosmos** Die Gesamtheit aller denkbarer Materie und physikalischer Gesetzmäßigkeiten ohne räumliche und zeitliche Begrenzung

**Universum** Der von der Erde aus beobachtbare Teil des Kosmos in dieser Arbeit manchmal noch mit dem Zusatz beobachtbares oder sichtbares Universum versehen

**Dualer Kosmos** Bezeichnung des Kosmosmodells dieser Arbeit

**bM** Bezeichnung für " normale" oder "baryonische " Materie, die von menschlichen Sinnen wahrnehmbar ist

**m(+)** Bezeichnung für Materie die die gleiche Gravitationseigenschaft wie die normale Materie besitzt

**m(-)** Bezeichnung für Materie die mit der Gravitationskonstanten -G zu m(+) abstoßend und zu sich selbst mit der Gravitationskonstanten +G anziehend ist.

**Urraum** Urzustand des Kosmos, bei dem noch keine Ausdehnung des Kosmos durch die Dunkle Energie erfolgte. Er ist der Zustand des Kosmos vor dem Urknall.

**Urknall** Der Beginn der Expansion des Kosmos

**M(-)-Kern** Die Zusammenballung aller m(-)-Materie im Kosmos. Der Bereich in dem sich nach den Urknall die m(-)-Materie akkumulierte.

**Urpunkt** Das hypothetische, räumliche Zentrum des Kosmos (identisch mit dem Ort von dem der Urknall ausging

**Avol** Abkürzung von "**A**bweichung **vo**n der **L**ichtgeschwindigkeit". Characteristische Größe bei hohen Geschindigkeiten sehr nahe der Lichtgeschwindigkeit

# Literatur

[1] Liddle A. (2009): Einführung in die moderne Kosmologie. Wiley VcH Weinheim

[2] Unzicker A. (2012): Auf dem Holzweg durchs Universum, Hanser München
(2010): Vom Urknall zum Durchknall, Springer Berlin/Heidelberg

[3] Guth A.H. (1999): Die Geburt des Kosmos aus dem Nichts, Knaur Verlag München

[4] Cline D.B. (2001): Sources and Detection of Dark Matter and Dark Energy in the Universe, Springer Berlin

[5] Kragh H., Overduin J.M. (2014): The weight of the vacuum – a scientific history of Dark Energy, Springer Heidelberg

[6] Daten des Planck Weltraumteleskop (ESA 21. März 2013)

[7] Hubble E. (1929):A Relation between Distance and Radial Velocity among Extra Galactic Nebulae, Proceedings of the National Academy of Sciences Band 15, Nr.3 S.168

[8] Lachieze-Rey M, Gunzig E (1999: The cosmological background radiation, Cambridge University Press, Cambridge

## Über den Autor

Oskar Erwin Beer wurde am 22.10.1939 in Tuschkau, einer kleinen Ortschaft in der Nähe von Pilsen geboren. Als sechstes und jüngstes Kind der Familie und nach einer Lähmung des linken Armes lernte er schon früh, nicht aufzugeben und sich zu behaupten.

Das Abitur legte er 1958 am Naturwissenschaftlichen Gymnasium in Aschaffenburg ab, anschließend studierte er in Würzburg, Münster und Bonn Physik. Nach dem Diplom forschte er unterstützt durch ein deutsch-französisches Stipendium zwei Jahre im französischen Kernforschungszentrum Saclay im „Service de Physique Nucleaire a Moyenne Energie“. Zurück in Bonn am damaligen Institut für Strahlen- und Kernphysik folgte 1969 die Promotion.

Im Rahmen der Hochschulpartnerschaft zwischen den Universitäten Bonn und Kabul/Afghanistan half er von Anfang 1971 bis Ende 1973 beim Aufbau des Physikalischen Instituts der Universität Kabul durch Einrichtung und Durchführung von Praktika und Vorlesungen sowie Erarbeitung von Physiklehrbüchern.

1974 trat er in das damalige Tochterunternehmen des Siemenskonzerns, die Kraftwerk-Union ein. Zuerst in den Bereich Kern-Reaktortechnik, der ihn durch die noch von Prof. Finkelnburg stammende beeindruckende Tradition beruflich prägte. Nach Beginn der Öffnungspolitik Chinas wurde er 1987 nach China delegiert, wo er bis zu seiner Pensionierung im Jahr 2004 mit verantwortlich war, an die große Vorkriegstradition der Siemens- Kraftwerkstechnik in China anzuknüpfen und sie noch weiter auszubauen.

Im Jahr 2006 kehrte er, nach fast zwanzigjährigem Aufenthalt in China, nach Deutschland zurück, nach Bonn, dem Ausgangspunkt seines Berufslebens.